男人穿衣聖經

從面試到總經理的穿著密碼

金·強生·葛蘿絲（Kim Johnson Gross）與 傑夫·史東（Jeff Stone）

撰稿：麥可·所羅門（Michael Soloman）

攝影：大衛·貝蕭（David Bashaw）

你會穿衣服嗎？

你只有七秒鐘讓人留下美好的印象，人要衣裝——要懂得穿。

1. 我在一家嚴謹規定穿著的傳統公司上班，將跟老闆一起出差，參加一個三天的大型會議。我們預定週日下午出發。請問我可以穿著週末穿的牛仔褲和休閒鞋搭機嗎？ ....是 或 否

2. 如果我知道我要應徵的公司穿著很休閒，請問我面試時是否還需要穿西裝？ ....是 或 否

3. 我不會經常碰到高階主管，是否還需要在正式的上班服裝上投資？ ....是 或 否

4. 我在一家穿著正式的公司擔任會計師，請問當我跟一家穿著休閒的客戶開會時，是否應該遵照他們的穿著風格？ ....是 或 否

5. 大學跟暑期打工時，我都穿平底鞋，可是沒穿襪子——請問這樣的穿著是否適合夏日的休閒星期五？ ....是 或 否

6. 我今年四十歲，任職於一家年輕導向的公司，而且正打算爭取一個升遷機會，請問我是否應該讓自己的形象變得時髦一點（如：年輕一點）？ ....是 或 否

7. 我認為我的老闆穿著過於休閒，並不適合他的職位，請問我是否可以穿得比他正式一點？ ....是 或 否

8. 穿直條紋西裝時，是否可以穿敞領的襯衫？ ....是 或 否

9. 我剛被提升為部門主管，不論價格多少，套裝還是套裝，請問我是否需要添置新裝？ ....是 或 否

10. 我深信應該由我的工作表現來評斷我這個人，而不是從我的穿著，假若我的工作順利，《男人穿衣聖經》真的能讓情況變得更好？ ....是 或 否

簡緻系列（CHIC SIMPLE）是品味生活的入門書。
它是為那些相信生活品質來自去蕪存菁、而非累積數量的人所撰寫的，
簡緻系列能讓讀者在經濟能力範圍之內，
輕鬆建立優質生活與個人風格。

「我們的確可以透過技巧，操縱任何特定場所的穿著，
進而激發有利於自己的定位與需要之反應。」

——約翰·莫洛伊（John T. Molloy）

《成功者的新衣》（New Dress for Success）

親愛的讀者：

　　套用約翰·莫洛伊的話——人們的確會用封面來評斷一本書。不論對錯，現實世界就是如此。得體穿著在當今職場已經是一種必要，不論是求職面試、代表公司跟新客戶會面，或在公司裡做簡報，你的服裝就是別人對你的第一印象。所以重點是：你應該為你想要的工作與專業目標而穿。

　　但直到現今，穿衣服這個簡單的動作卻經常讓人感到困惑。犯錯的代價，不但有損你的預算，更會傷及你的事業。《男人穿衣聖經》提供實用的技巧與合理、簡單的建議，協助你規劃自己的最佳專業衣櫥。

　　本書是根據我們多年來擔任許多企業諮詢顧問的心血結晶。這些公司由正式的穿著轉換成休閒的打扮，最後轉變成兩者兼容並蓄的穿著風格。現在我們這個網站（www.chicsimple.com）每天都會收到無數深受職場穿著困擾的男士肯定我們這些觀察心得的電子郵件。

　　我們覺得《男人穿衣聖經》與《女人穿衣聖經》（Dress Smart Women）兩書是我們過去十年來簡緻系列中最重要的兩本。原因為何？

　　因為穿得好，代表你穿著得體、具有專業權威，就能自然展現自信。不論你想

找工作、想要在目前職位有所表現,或換個更好的工作,穿著得體都是關鍵的第一步。你在衣櫃上的小小投資,將為你的事業帶來大大的收穫。好好投資自己,不要猶豫!

　　現在,好好打扮一下!

——傑夫與金

「懂得越多,需要的就越少。」
——澳洲原住民諺語

HOW TO use this book

你的工作、生命與事業可以分成三大部分：

1. 找工作（沒工作就沒搞頭）

2. 一路亨通（好主意）

3. 更上層樓（好還要更好）

每個階段，「成功的男人就是這樣穿」都將提醒你應該注意的重點，並把這些建議轉換成具體的服裝，同時，告訴你如何在日常生活中搭配這些服裝。我們以**圖像**來引導示範；在每個重要階段的最後，都會提出一個服裝組合範例，供大家參考。

$1.$ **找工作**。如果你即將大學畢業，打算進入就業市場、如果你在離開職場之後又再度就業，或者你剛下定決心、認真看待工作或事業，想要做點不一樣的事，那就請你參考第一單元。不論你是屬於上述哪種狀況，這些原則都適合你。

$2.$ **一路亨通**。你已經決定把工作當作生活的重心，認真想要進入下一個階段，而且不論何時或遇到什麼機會，都不想再為得體穿著傷腦筋，所以你的服裝應該是你的秘密資產。

$3.$ **更上層樓**。現在高階職位的競爭比以前激烈。恭喜，你已經脫穎而出——只不過，你看起來像嗎？這裡提供的，就是讓你表裡如一的最高機密，即使你寧願在巴哈半島（Baja，美國加州鄰接墨西哥與加利福尼亞灣的半島）乘風破浪或在智利划獨木舟——至少你的服裝不會讓你漏氣。方法很簡單：翻開書、讀一讀、看一看、想一想你希望自己的服裝如何為你發聲。

找工作

一路亨通

3 更上層樓

四海皆職場

打領帶也適合

親愛的傑夫和金：
我女朋友覺得面試時穿襯衫和毛衣很優雅、很有格調，她覺得「穿西裝打領帶」的形象很假。我很緊張，我並不想搞砸這個機會，不過，我也不想看起來像是汲汲營營的樣子。我所認識的、大部分從事這種工作（傳播）的人，在辦公室穿著都很休閒，所以穿西裝、打領帶是不是有點過時？

——羞於打領帶的人

親愛的羞於打領帶的人：
覺得緊張，很正常。工作不好找，面試你的人，可能是期望看到你最好的一面的人事經理（也許以後就再也沒有機會了），這個就是包裝、包裝、再包裝，要努力讓別人了解，你知道如何在職場展現自己。簡單就好：白色或藍色的襯衫、簡單的領帶、深色西裝。等你找到工作、跟女朋友去慶祝的時候，再穿「優雅有格調」的衣服吧！

——傑夫與金

Get Job 1

找工作

求職衣櫃

滴答、滴答、滴答……一個不可能的任務,時間一秒一秒的倒數,終於,人事經理伸出手來,砰,他在心裡把你品頭論足、分門別類,然後存檔。所以那個檔案裡,到底有些什麼東西?你是否已經為你的面試和求職鋪下康莊大道?還是換得對方一句小心翼翼的「讓我們看看這裡有什麼」,或者對方心裡想:「真是個笨蛋──我們什麼時候才能擺脫這個傢伙?」這個單元將教你如何將視覺效果最好的衣物搭配組合,好讓你在面試官心中留下良好印象。重點是──你看這本書,是因為想要找份工作,所以就幫幫你自己,得到那份工作吧!繼續看下去。

這麼聰明的你，
怎麼會穿得這麼拙？
──服裝與前途

恰如其分的穿著

1912年紐約蘇格蘭高地棒球隊（New York Highlanders）在棒球場所穿的制服，竟成了運動史上最有名的圖案：細條紋。到1930年代，他們制服上的圖案成為代表男人權勢的首要象徵。這些線條就好像銀行家帳簿裡的格紋一樣，井然有序，細條紋西裝於是成為男人在企業界的地位象徵。與此同時，紐約洋基隊（蘇格蘭高地隊現在的隊名）也成為大聯盟裡的重要球隊；至於他們為何選擇細條紋，則無從得知：洋基隊老闆魯伯特（Jacob Ruppert）是否只是為了讓貝比‧魯斯（Babe Ruth）看起來苗條些，所以堅持採用該圖案？還是基於更簡單的理由：條紋讓洋基隊看起來在商言商。

今天，不論是棒球或金融界，男人的穿著不但影響他的表現，也會影響他的事業。如果你在求職面試時，沒有適當展現自己，也許進不了企業大門。一旦進去了，你必須讓自己融入其中，才能一路亨通。最後，如果你想要更上一層樓或另謀高就，也必須留意自己傳送給他人的訊息。

形象的力量

　　想像一下印象派大師喬治・秀拉（Georges Seurat）的畫作：從遠處看，它們好像是週日湖邊的田園午後或艾菲爾鐵塔的一天。不過，靠近一點，你就會看到秀拉的圖像其實是許多顏色的小點點。他的點彩畫風格事實上跟落筆位置完美的畫刷效果一樣，看起來渾然一體，因此構成整幅畫。

　　要懂得精穿細著，就得具備同樣的思惟模式：你看起來到底是賞心悅目，還是亂七八糟，其實和你如何組合衣櫃裡的服裝有關。為了了解你是否是個像秀拉般有天份的藝術家，就必須先把你的外表元素打散成點。你的西裝是否好好包裹你的身體？領帶是否太礙眼？你的鞋子是否容易誤導他人？只要好好檢視你衣櫃中的所有層面，就能開發出最適合自己且最能讓自己、與眾不同的獨特風格。

風格與內涵

　　男人的穿著與外表，顯然非常重要，不過，到底是什麼東西決定了他的風格？最會穿的人，其實大家根本記不住他穿了什麼。這個男人身上好像沒有哪個單品特別突出，但是所有東西看起來就是搭配的很好，整個人顯得優雅有型。他儀容整潔，頭髮、指甲以及整體外觀似乎很乾淨、很整齊（鞋子也是如此）。

　　別人往往認為他的個人風格來自自信——有些人的確是天生自信，有些則是後天養成。這種自信不是來自他的穿著，而是來自他本人。換言之，沒有內涵的風格，就毫無意義。很棒的襯衫和領帶也許可以讓你找到工作，卻永遠無法為你代勞。你的外表如果少了才華與企圖心的支撐，就不過是個穿著西裝的空殼子罷了。

流行這檔事

　　對男人而言，時尚（fashion）是個恐怖的字眼——也的確情有可原。主要原因在於流行（trend）——適合某一季穿的衣服，卻不知道能穿多久，時尚界沉溺於那些能讓社會極少數人印象深刻的知名設計師

品牌。當然，想要顯得時尚，並沒有什麼不對。然而，就跟生命中的美好事物一樣，追隨流行，適度即可，如：一件大膽的襯衫、一條寫實圖案的領帶、一對引人目光的袖釦。

至於風格，卻是歷久彌新。長度及臀的藍色休閒外套、灰色法蘭絨褲、平底船型鞋等，這些單品都因為「永遠不會過時且永遠得體」的原因而成為經典。在你規劃職場服裝時，跟經典靠邊站，永遠明智。畢竟，如果你打算工作個幾年，難道不應該如此期待自己的穿著嗎？

為成功而穿（精穿細著）

1975年約翰‧莫洛伊（John T. Molloy）出版了他的經典巨著《為成功而穿》（Dress for Success）。當時市面上並沒有指導男人如何穿著打扮的書，透過他的教誨，讓當時的男人懂得如何「穿的像個百萬富翁，以賺取百萬財富」。莫洛伊的哲學很簡單：服裝影響工作表現，也左右主管與同事對你的觀感。而且，根據我們最基本的「不落人後」的心理，莫洛伊認為，就算你不想靠穿著領先群倫，別人也會如此！

經過多年，雖然莫洛伊的許多建議仍然適用，然而，職場在過去四分之一世紀的變化卻非常劇烈。莫洛伊從來沒有想到會有休閒星期五的出現，也沒想到企業會允許員工穿卡其褲和休閒衫上班。當你跟一群二十出頭、穿著破牛仔褲和T恤的網路新貴開會時，該怎麼穿？

不過，現在整個經濟狀況又再度轉變，辦公室休閒穿著的風氣已經消逝。當企業勒緊皮帶，員工不得不多留意他們的褲子——還有西裝和領帶。工作再度回到正軌，不過，所謂的正軌，看起來是什麼樣子？

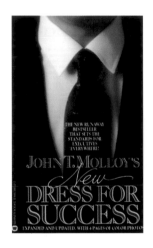

謝謝你，約翰‧莫洛伊

莫洛伊的書中一個非常重要的特色就是以服裝和別人對服裝的反應，來檢測他的理論。他的測試對象包括飯店櫃檯、門房和領班。他透過穿著不同服裝與顏色的受測對象，得出西裝、風衣以及襯衫領帶等打扮的力量。結果證明外表的確重要——尤其對櫃檯接待而言。

服裝會說話，別人會聽話

在這個高科技、高速度的現代世界中，立即的滿足似乎還不夠，我們喜歡24小時全天候的新聞，期待昨天就知道明天的資訊。在這個講求快速的社會中，壞處之一就是我們很快就對別人的外表下判斷。在這樣的世界中，我們需要立即傳送訊號，讓別人得知我們想要傳遞的信息。

當美國線上（American Online）總裁史提夫・凱斯（Steve Case）與時代華納（Time Warner）總裁傑拉德・勒凡（Gerald Levin）在宣布兩家公司合併時，兩人的穿著所獲得的媒體關注，跟他們公司合併的消息一樣多。代表穿著隨性的網路大人物凱斯在記者招待會上打上領帶，而身為企業老兵的勒凡卻選擇不打領帶。當然，一個人一旦成為執行長，大部分時間的穿著可以隨心所欲，不過，如此一個公開的時尚宣言，無異在遞送一個清楚的訊號——這兩家企業的世界已經開始交融。

惟服裝是圖

所以，你的衣服洩漏了你的哪些事情？這並不容易了解，因為這就跟口臭和牙縫裡的菜渣一樣，當你穿著不得體時，別人不太容易告訴你。我們的目標就是設法找出你想要傳遞的終極訊息到底為何。而且大體而言，你要傳遞的訊息很簡單：隨時隨地都顯得能幹，讓別人知道你適得其所。

1. Get Job 找工作

每家公司，不論是保守的律師事務所或熱情的廣告公司，都有自己的服裝準則。只要你嚴格遵守，就等於跟眾人昭告你屬於該團隊。這並非表示你就無法展現個人特色，只不過有時候最好的印象就是沒有印象。換句話說，你的穿著如此適合公司，以致於沒有人會留意到你——只不過表示你的穿著總是恰如其分。

當然，遵守公司或產業的穿著標準，無法保證你就能予人良好印象。想像兩位能力相當的資淺業務人員，同時爭取一家保險公司的職位升遷。該公司員工都穿著西裝或獵裝式外套（sport jacket），而且絕大部分的人都打領帶。其中一位候選者總是穿著獵裝式外套、俐落的白襯衫，以及筆挺的長褲，只不過從來不打領帶；另外一位則總是穿著成套西裝和領帶來上班，不過他的襯衫卻老是皺巴巴、領帶經常有污漬，鞋子看起來也好像是買來之後就從來沒有擦過鞋油。誰會雀屏中選？也許這一個傢伙永遠不打領帶，不過他顯然留意到服裝的其他細節，而別人會把這個視為跟他的工作態度有關。他看起來精明、隨時準備就緒，可以立即行動，而且，也許他會從升官所得到的加薪中，拿一些錢買幾條領帶。

上述案例的重點是：精穿細著未必表示必須穿得正式。留意風格的細微之處，對你外表的影響，可能遠比恪遵整體穿著準則還大！

以穿著為懸命（專業）之所在

在今日的商業環境中，如何在各種場合精穿細著，所面臨的挑戰比以前還大。這些場合包括早餐會議、客戶午餐會報、正式晚餐、高爾夫球球聚、董事會簡報、電視亮相等。要想穿著得體，表示你必須針對這些場合有所準備。顯然，你不能一套服裝走天下，卻可以努力營造特定的標準形象，暗示他人你隨時都可以因應需要，就緒上場。比如，同事來電請病假，因此無法參加當天晚上的慈善餐會，你的老闆迅速在心裡篩選替代人選時。他知道你每天都穿西裝來上班，所以詢問你是否有燕尾服。當然，你有，所以，你突然就成為慈善募款餐桌上的第十位貴賓——跟執行長就隔兩個位子。

如何精穿細著

——簡緻流程法

評估、除舊、更新——掌握簡緻流程法

完美衣櫃的建立不可能一夕造成。你也許工作了十年，可是衣櫃卻不合你用，因為你並沒有用心找出自己的需要。你可能在數年之間建立了一個，可是由於你並未妥當照顧自己的服裝，所以它們反而成為跟你唱反調的麻煩來源。此外，還有一種可能，就是：你的衣櫃已經完全過時。

讓我們用以下三個簡單的步驟，來建立你的理想衣櫃：

1. 評估：你的生活、你的衣櫃

當你終於打算對自己的專業生涯認真時，就必須接受這個事實：所有你平常穿的衣服都是玩耍用的衣服。當然，也許你穿這些衣服經常得到他人的讚美，而且這些衣服也很適合上高級餐廳用餐，不過，你的事業需要你的認真對待，所以你應該明白自己必須要有配合職場的上班服裝。

要想評估你的服裝需要，第一步就是必須明白你的衣櫃就跟你的桌子一樣。桌子整理的越條理分明，就越容易找到你需要的釘書機；同理可用在襯衫、領帶、鞋子和西裝上。根據工作與玩耍、工作日與週末，

重新安排你的衣櫃。西裝跟獵裝式外套放在一起，牛仔褲則跟卡其褲掛在一起。你的正式襯衫（尤其是白襯衫）應該跟你週六穿的休閒襯衫有所區別。運動鞋不要跟正式的鞋子混成一團，諸如此類。花一點心思，你的衣櫃就能為你效力。

2. 除舊：去蕪存菁

現在你的衣櫃已經排列整齊，看看裡面有什麼東西？有沒有你已經一年沒有穿的衣服？丟掉它們。有沒有太大的獵裝外套？拿給裁縫修改。小了兩號的長褲？把它們送給比較瘦的朋友。上面有濃湯污漬的領帶？送去乾洗。開口笑的鞋子？送走吧！

接下來就是利用分類法來為你的衣櫃進行乾坤大挪移的時候了。如果你無法決定某件衣服應不應該丟掉，給你一個聰明的評估標準：十年後，你想不想看到自己穿著這件衣服的照片？如果不想，就放它走吧！

3. 更新：為你的衣櫃添購新裝

一旦你已經移走所有不需要（或感到不舒服）的單品後，看看還缺什麼？會不會發現襯衫夠穿，領帶卻太少？長褲太多，卻只有一雙鞋子？沒有黑襪子？

到底還需要什麼東西？最好的辦法就是列清單。在第一欄列出你衣櫃裡所有的東西，然後在旁邊的一欄，列出所有可以讓該單品更有變化的服飾（左邊：黑白小碎格獵裝式外套。右邊：白襯衫、黑領帶、灰長褲、黑長褲、黑鞋子、灰色馬球線衫）。右手邊就是你的血拼清單。如果清單上有單品可以同時跟衣櫃裡其他東西搭配（如灰色長褲）時，把這些單品圈起來，優先採購。購買的東西搭配性越強，表示購買者越精明。

有絲質領帶嗎？

為自己的領帶頭痛不已？從小處著手。看看你所蒐集的領帶——別人送的禮物或美麗的錯誤（沒關係，傑瑞·賈西亞〔Jerry Garcia，美國知名迷幻搖滾樂團首席吉他手與歌手〕也從來不打領帶），然後開始把它們分類為資源回收類和保留類。下週再把保留類拿出來重新整理。

1. 評估

評估與調查。考慮一下你的生活方式與所擁有的東西，這些是你需要親自檢視的兩個領域，把你的所有跟你的生活互相搭配，喏——你又重新聚焦了。

化繁為簡的流程

2. 除舊

除舊與資源回收。化繁為簡是動詞，也是身體力行。你必須有所行動、處理所有多餘的東西，用力想想自己到底需要什麼，再毫不留情的動手整理。最後，必能讓你少受苦，並節省許多時間與金錢。

3. 更新

更新與置換。你想過自己所需要的，丟掉自己不需要的，現在是填補破洞的時候了。這表示去血拼還是重新思考？試著學習如何不要重蹈覆轍。

職場穿著規範

企業正式型（corporate）
永遠打領帶

工作得體型
（**business appropriate**）
領帶備用

企業界的四種穿著規範

　　企業穿著規範並沒有完整的定義，而且幾乎很少形諸文字。它們通常都是觀察而得：「我的同事穿什麼？我的主管穿什麼？」等。不過，所有企業的穿著準則，幾乎都可以歸類為下列三種基本穿著規範及一種個人穿著規範，只要遵照這些原則，你就能高枕無憂。

企業正式型穿著規範
（corporate dress code）

　　最正式的穿著標準就是企業正式型穿著規範，也就是西裝、襯衫（通常是白色）與領帶。這是律師事務所與投資銀行的穿著準規範。過去幾年來，企業正式型穿著規範雖然有點式微，不過最近又再度變為主流。再說一遍：樓上「穿西裝的」（suits，俗稱西裝筆挺的高階主管）都穿西裝。

工作休閒型穿著規範
（business casual dress code）

　　如果每天都是休閒星期五，這個就是最合適的穿著規範。在日趨休

閒的商業界裡，不但不需要穿西裝，甚至連獵裝式外套也沒有必要。然而，休閒的穿著規範並不表示你可以隨便穿。事實上，在這種環境下，整潔可能更為重要。如果你大部分時間都穿卡其褲、白色休閒棉襯衫（oxford shirt）上班，務必保持乾淨且平整。擦亮你的鞋子，絕對不可以穿運動鞋來上班。穿合身的毛衣，不要穿鬆垮、起皺或有破洞的毛衣。不論何時，都要保持專業形象。

工作得體型的演變

企業界經常被描述為達爾文式的生存掙扎，職場工作得體穿著規範的發展，就是一個最佳的範例。過去二十年來，企業的穿著規範在兩個極端間擺盪：從保守的直條紋西裝和代表權勢的領帶世界到穿著褪色牛仔褲和T恤的輕鬆世界。兩種潮流都是由各大產業的知名執行長所建立的。在華爾街網路科技崛起之際，休閒穿著成為建立個人信譽的必備條件。

然而隨著泡沫破滅，經濟環境改變之後，穿著風格也隨之改變，因此出現新的穿著規範，而且這個規範不是由上而下，而是由實際執行工作的人所引導。雖然沒有任何備忘錄可供參考，但是大家卻開始改進自己的外表──獵裝式外套配質料好的正式襯衫和長褲，甚至偶爾打個領帶。大家慢慢心照不宣：時機越艱難，只有能夠適應環境的聰明人才能生存。

工作得體型與工作得體休閒型穿著規範

這個穿著規範有點介於企業正式型與休閒型規範之間，而且在某種程度上，是最難操作的。工作得體型穿著規範要求你必須明白自己公司與產業的得體定義為何。西裝不再主宰，就算你穿西裝，也未必搭配打著領帶的正式襯衫。獵裝式外套、長褲搭配正式襯衫，也是另一種可以被接受的變通穿法。在工作得體型的穿著世界中，你甚至可以用質料上好的馬球衫或毛衣搭配獵裝式外套，以表示你允許自己擁有一點舒服空間，不過也要求自己隨時看起來頗修邊幅，且具專業形象。

The Evolution of

企業正式型

西裝
必備

**襯衫與
領帶**
必備

休閒型

**休閒型
獵裝式外套：
搭T恤**
必備

搭襯衫或毛衣
備用

牛仔褲
只有當你是
老闆或在家
工作者才可
以穿

西裝與領帶整體搭配是不變的美國企業經典打扮，不過近年也由嚴格的權威結構，轉變成比較舒服的企業表達方式。然而，千萬不要就此混淆，它還是有其必須遵守的規則。

「管他的，我忙翻了」或「太有創意以致於懶得想穿什麼」的日子已經過去。休閒意謂整齊清潔，不褪色，也不破爛。要做到這一點，實在有點困難，因為許多時候，這些衣服看起來就好像在夏令營打滾了一天的樣子。

Dress Codes

穿著規範的演變

工作得體型　　　　　　工作得體休閒型

襯衫
必備

領帶
備用

襯衫或毛衣
必備

獵裝式外套
必備

獵裝式外套
非必要，但最
好有

成套西裝
最好如此

迅速成為「新標準」，比較依據當天或場合的需要來穿
──視狀況決定是否打領帶。不過，有一個大家心知肚
明的原則就是：獵裝式外套是絕對必需的。

這個穿著密碼所指的「休閒」表示：比較輕鬆的外表並
不等於你就可以理所當然的穿得好像週末來公司上班一
樣。一個很好的基本原則是：如果你臨時被叫去跟執行
長見面，也不必為了休閒的穿著而道歉。

你的穿著規範

　　不論貴公司或貴產業採用何種穿著規範，經過一段時間，你自然會開始發展自己的風格，甚至有自己的一些個人標誌。你是否只打圓點圖案的領帶？你是不是那種堅持穿西裝配牛仔靴的人？有沒有人留意到你的袖釦？當然，不論你的穿著規範為何，都必須顯得很專業，而且你的職位越高，就越能輕易透過服裝，表達個性。畢竟，有誰膽敢跟老闆說他不應該穿粉紅格子襯衫？

學習產業的穿著規範

　　就如同企業有其穿著規範一樣，產業亦是如此。而且，即使貴公司並未嚴格遵守產業標準，在你準備前往面試或拜訪別家公司時，最好還是先研究一下該公司的政策為何。請教該公司人力資源部門的人，以了解對方的穿著原則。一般而言，各行各業的穿著規範已經變得較為寬鬆，不過，當你無法確定時，最安全的做法就是遵守高標準的穿著規範。準備前往律師事務所？以工作得體型的穿著應該不會不得體。如果你對自己的穿著感到自在，將能減輕洽公時可能感受到的部分壓力。

穿著規範的例外狀況

　　即使你充分了解貴公司或產業的穿著規範，卻仍然可能出現例外狀況。比如，貴公司穿著規範屬於企業正式型，卻在當地旅館舉辦企業外訓，而且被告知可以穿的輕鬆一點，最聰明的做法就是工作得體型的穿著。又或者公司的穿著要求為工作得體型，而你必須與穿著工作休閒型的客戶一起吃午餐時，最簡單的做法就是：拿掉領帶。不論遇到什麼狀況，你都應該隨時準備調整自己的衣櫃，以因應職場的各種挑戰。

Due Diligence

該留意的細節

鞋楦

就是放在你鞋子裡的杉木鞋楦。這是另一個聰明的投資幫手──比你朋友提供的股票小道消息還可靠。它們可以除掉你白天穿著時所留的汗液,讓皮革不致變形與龜裂,還能讓你的鞋子不發臭,永保如新。

屢試不爽

不論你老闆所要求的穿著規範為何,如果你想要製造壞印象或破壞工作面試,最簡單的方法就是:不要擦鞋,放任鞋跟磨損、皮革龜裂。不過,如果你想要留下好印象或得到那份新工作,最好未雨綢繆勤保養,東西才能用得久。

擦鞋工具

請專家代勞或每個週末花點時間(一雙15分鐘)好好擦亮你的鞋。

1. 拿一塊濕布,沾上優質的鞋臘,用打圓的方式擦鞋。
2. 繼續推,直到原來的光澤消失,出現更亮的光澤。
3. 拿另一塊布打磨,直到出現你想要的光澤為止。買一瓶邊緣修飾液,好塗抹修整皮革的邊緣。每半年請鞋匠檢查鞋底,必能同時造福你的鞋子和事業。

行有行規

沒有哪一個產業的穿著規範是放諸四海皆準的，即使業種相同，各家公司的穿著規範也往往未必相同。不過，特定的專業領域中，通常有一些共通的指導原則。

誰穿什麼去上班

破解產業穿著密碼

學術界

這麼多年來，還是穿著毛呢外套。雖然西裝亦無不可，不過大部分的教授還是喜歡穿著工作得體型服裝——獵裝式外套加領帶、毛衣、高領衫等。

會計業

會計界的高階主管喜歡穿企業正式型的服裝。不過，大部分會計界的從業人員——記帳員、中階會計師、助理等，就穿得比較休閒。在較小型的會計師事務所，工作休閒型可以是牛仔褲、卡其褲或休閒外套。然而，大型會計師事務所往往要求他們的助理穿著必須很專業，至少得依照工作得體型的規定。

廣告業

廣告業的穿著規範就跟許多創意媒體界一樣，向來非常有創意。對新進人員而言，創意表示看起來精明，可是不古板，也不過度打扮，所以一條好褲子搭配正式襯衫，就可以過關了。中階員工則可以從工作休閒型到工作得體型的範圍間自由選擇。不過，如果他們需外出與客戶見面時，就應該事先做好功課，了解客戶的穿著規範為何。高階主管也享有類似的穿著自由，從亞曼尼（Armani）到牛仔褲皆可。顯然，對於越保守的企業，或某些特定客戶——穿著規範就必須越保守。

建築業

建築業的穿著規範類似廣告業：休閒但須整潔。工作得體型必定不會出錯，不過西裝並非必要，除非你所接觸的客戶喜歡穿西裝。

金融業

銀行界近十年來已經放寬其穿著規範，不過現在標準似乎又恢復了。如果你不必穿西裝，至少也應該維持工作得體型的打扮。

網路業

自從達康（dot-com）泡沫化之後，這個產業的穿著規範多少也變得嚴

肅一點了。（當你的公司帳面價值數十億美元時，你愛穿什麼都可以。不過當它不再有印刷在紙上的帳面價值後，你就必須看起來夠專業。）工作休閒型到工作得體型是這個業界現在的規範。

法律業

法律界仍然屬於非常嚴肅的行業。大部分歷史悠久、聲譽卓著的事務所仍然遵守企業正式型穿著規範，不過在某些較小型的事務所，工作得體型也可以過關。

媒體業

媒體業的工作——電視與電影、出版等——通常能激發企業界穿著的創意。任何有名無實的主管，如總編輯、製作人等，所需遵守的穿著密碼就越嚴格。不過，一般而言，工作休閒型到工作得體型即可。

醫藥界

除了白色實驗袍之外，醫生向來會在裡面穿襯衫打領帶，或者至少會搭一件質料好的正式襯衫。此外，就跟醫藥界的所有事物一樣，整潔最重要。

房地產業

如果你在賣房地產，穿著打扮就必須讓客戶認為你跟他是同一掛的。所以如果你賣的是高級房產，穿著就必須高級。一般等級房地產？穿工作得體型。關鍵就在於讓你的客戶覺得輕鬆自在。

零售業

看起來上得了檯面，就是你的目標。大部分商店不是要求你穿它們的服裝，至少必須能夠跟客戶站在同一個層面。換句話說，如果你在高級商店工作，穿著等級就應該相對的提高。畢竟，你無法穿著T恤跟牛仔褲向客人推薦一套價值四萬元的西裝。

服務業

服務業主管，如飯店經理、餐廳主管等，往往需要穿制服。否則就根據職位需要，選擇俐落、筆挺、上得了檯面的工作休閒型或工作得體型服裝。

四步活結

首先你必須學會如何打領帶。領帶共有四種打法，
不過針對工作面試，簡單了當的四步活結打法最好。

步驟

1. 把領帶寬的一邊放在窄的一邊上面。

2. 把寬的一邊如圖所示繞過窄的一邊，形成一個環。

3. 用大拇指與食指輕輕壓住前面的結，把寬的一邊從圓環中間繞出來。

4. 慢慢把結拉緊，握住窄的一邊，把領結往領口打緊。

為目標而穿

——一路亨通之道

工作一段時間之後，你往往會依據自己所處的層級或希望達到的層級，來決定自己的穿著，所以你的服裝是否已經準備好攀登事業高峰？

求職

不論你是社會新鮮人、轉業中或在離職多年之後打算重回職場，找到一份工作，就是你的使命，而且每個細節都攸關緊要。

你此時的主要目標就是穿得像個業界中人，讓你潛在的雇主知道你看起來有能力，而且必定勝任。研究該公司、了解其員工的穿著風格，再據此打點你的穿著，以留下美好的第一印象。（當然，如果你必須大幅度扭轉自己，才能得到工作，也許這份工作根本就不適合你。）當你走入該公司大門接受第一次面試時，務必讓他們以為你已經在那裡上班一樣。

一路亨通

一旦你進了大門，就必須以留在那裡為目標。為了做到這一點，你需要一個能夠隨時滿足你各種形象要求的衣櫃。裡面必須裝滿可以應付

你未來所有可預見、甚或一些無法預期的狀況之多樣服裝，你必須用內涵來支撐自己的風格。

更上層樓

為了領先群倫，你的穿著必須符合你想要有的職位之要求，而非依照你被雇用的職位來穿。重新評估你自己：你看起來是否像個將來可能握有威權的人？你的服裝是否能贏得他人的尊重？或者你穿得像某個人的懶散助理？

現在你已經證明自己的能力了，開始覺得自己有權利得到更高的薪水、更大的辦公室，以及更多的責任。如果你的高階主管看到你外表看起來值得獲得更好的職位時，必定能對他們造成影響，願意給你一個機會。

精穿細著──事業一路亨通

沒有任何工作可以永遠做下去，大部分的職業生涯路徑都是又長又曲折。當你改變工作、職業、居住城市，甚或世界觀時，請重新評估你的衣櫃，弄清楚自己的目標為何。你仍然為你上一個職業而穿嗎？你的西裝看起來是否已經過時？你的體型是否已大幅改變，衣服卻沒有因此更動？一路走來，請你務必每隔幾年檢查一下自己走過、以及即將要走的事業生涯，再好好檢視自己的衣櫃，決定自己的服裝是否也應該跟著改變。

精穿細著
——你的包裝之術

你的個人品牌

大衛‧麥納利（David McNally）與卡爾‧史匹克（Karl Speak）在《做你自己的品牌》（Be Your Own Brand）書中說的好：「品牌反映了別人心中所留下的認知或情緒……它跟你怎麼想幾乎沒有關係，別人怎麼想，才是最重要的。」

你就是品牌

企業耗費鉅資在品牌的建立、重新定義與擴充上，因此，如果要求你建立自己的品牌，你就不應該大驚小怪。你如何包裝自己這個品牌，將與你的職業生涯息息相關。只要了解別人會由你的穿著打扮以及你所傳遞的訊息，來界定你的身分，你應該自己來界定自己的形象，不應放任別人為你越俎代庖——這是掌握你事業前途的重要第一步。

讓服裝成為品牌標誌

湯姆‧吳爾夫（Tom Wolfe，美國知名小說家，其作品 "The Right Stuff" 曾被改編為電影《太空先鋒》）總是穿著白色西裝，強尼‧凱許（Johnny Cash，美國知名歌手）總是一身黑，喬治‧威爾（George Will，美國知名新聞記者、評論家與作家，曾獲普利茲獎）喜歡打領結，派特‧萊利（Pat Riley，美國NBA最佳教練之一，目前為邁阿密熱火隊〈Miami Heat〉教練）則非亞曼尼不穿。他們的註冊風格馬上讓人明白他們是誰、代表什麼。（吳爾夫：「我是個時髦的花花公子，是現代的馬克吐溫。」凱許：「我有黑暗的一面。」威爾：「我是個保守、聰明且勤奮的人。」萊利：「我有贏家風範。」）

政治人物最了解這些識別標誌。回想一下美國前幾屆總統：柯林頓

穿唐娜‧凱倫（Donna Karan）的西裝，以誇耀自己是現代美國男人的典範。雷根總統讓紅色領帶成為男人權力的縮影。卡特總統穿著舒服的毛衣，暗示他是個溫暖、沒有架子、屬於全民的總統。至於甘迺迪總統，最有名的就是促使男士帽子業的殞落——因為他拒絕戴帽子。

同樣的原則也適用於企業界。捲起襯衫袖子的老闆，就是在告訴他的員工他不怕吃苦。拿著公事包的年輕助理就是在昭告眾人他對工作多麼勤奮與井然有序。在職業生涯的初期，外表是否標誌鮮明，並不重要。事實上，如果你過於有個人風格，也許反而有礙你的工作。剛開始，你要展現的應該是有能力、值得信賴。想展示你的名牌領帶？時間多的是。

認識你的觀眾

適合你辦公室的，未必適用全世界。只是盲目遵守某個穿著規範，而沒有考慮所面對的觀眾，可能後患無窮。比如，在紐約很適合的黑西裝，在南方可能會被認為難搞和急躁。同樣的，向來待在辦公室的白領主管如果穿西裝、打領帶到美國中西部分公司開會，也可能會顯得格格不入。你所傳遞的訊息可能清楚又大聲，只不過你的聽眾可能都耳聾了。

聽不到的對話

就跟古希臘詩歌一樣，辦公室的穿著規範很少訴諸文字。當你被雇用時，不太可能有人會告訴你第一天上班時該穿什麼，卻可能讓你困惑不已，那你該怎麼辦？很簡單：看看周圍，然後開口問。你面試時，未來的老闆怎麼穿？為他們工作的人怎麼穿？留意觀察，再加以遵守，就對了。如果這樣不行，你還是不確定，就請教別人。這只會讓你的優點又增加上一筆——另一個證明你有多用心的例子。

同樣的，如果你已經有工作經驗，而且穿著並不得體，等你聽到別人如此說時，也許為時已晚。不要讓雇主看到你穿著不得體這個缺點，因為這個微不足道的錯誤，而讓你的事業開倒車，太不值得，所以請留意你的同事。誰知道，也許穿著規範就在你眼前一夕之間改變，你卻還在等候通知。

穿更好、花更少：
衣櫃經濟學

為求職面試而穿

　　你花了好幾年的時間受教育、好幾週來安排面試時間、好幾天來製作光鮮的履歷表，因此，千萬不要讓幾分鐘的不修邊幅或爛服裝，破壞了一切。這是你第一次、甚至可能是唯一一次與未來老闆接觸的機會，你必須好好利用這個機會。

　　不妨把求職面試假設為盲目約會——雖然前者明顯專業多了。你和面試者必須在有限時間內弄清楚雙方是否有共同的興趣、速配的工作倫理與技能，而且能否在上班時間自在地共處八小時。就跟盲目約會一樣，你想要留下最好的印象。外表決生死。你不必讓面試者覺得你很有吸引力，但必須顯得夠專業、能力夠好——因為，如果你不是，下一個傢伙必定取而代之。

自我投資

　　工作起步時需要成本投入，不過投資必定有回收——就是薪水。買一套西裝、襯衫、領帶和一雙好鞋，可能剛開始會讓你元氣大傷，但你就是必須相信自己有能力找到工作，深刻了解這個投資並不算高。穿對西裝、配上質料好的襯衫與領帶，能讓你自信的走進任何面試者的辦公室。這種自信不僅意謂著你能勝任該職位，還能讓你心情平靜——因為

面試時，你不必再擔心自己的穿著。

金額與好品味

雖然第一套西裝就買昂貴的名牌，似乎很吸引人，卻可能非常不明智。看起來稱頭跟花多少錢沒有任何關係，而且此時的你，如果一套二百五十美元的西裝就夠稱頭了，有必要為了一套價值一千五百美元的西裝而破產嗎？你必須弄清楚自己最大的需求為何，再決定把錢花在什麼地方。

精挑細選，品質＝價值

如果把錢揮霍在亞曼尼上，並不是你現在可以做的事情，那麼，你該怎麼辦？品質至上。不論是一套好看的西裝或一雙好鞋，品質比品牌還重要。為了明白品質的好壞差距有多大，請到百貨公司裡試穿幾件高檔西裝──留意它們的結構、布料的手感等。然後，直接到比較便宜的貨架，尋找剪裁與布料接近你剛才試過的高檔貨。

衣櫃經濟學

若想在不破產的狀況下，精穿細著，需要有遠見。如果你知道自己願意在哪些單品上花大錢，清楚可以負擔的預算金額，買起東西就會比較精明。剛起步者的一個最基本原則就是：堅守基本面，如藍色西裝、白色襯衫、簡單的黑色鑲邊鞋，這些單品都是歷久彌新、永不過時的好投資。

你大部分的投資應該放在第一套西裝上。畢竟，它是你面試時可以保護你的盔甲，而且它必須完美無缺。厚薄適中、深藍色的單排扣毛料外套是上選，幾乎整年都可以穿，而且在你第三次升官之前，仍然得體。

接下來想想看哪些單品配這套西裝最好看：襯衫、領帶、鞋子等。同樣的，提醒你不需要花很多錢來換好品質：一條五十美元的領帶可以跟一條一百五十美元的領帶一樣好看。

真相大檢驗

不論你是肯負助學貸款、大學剛畢業的社會新鮮人，或最近剛被裁員，可能會覺得把錢花在衣服上，有點可笑。認真面對吧：如果你沒有遠見與勇氣在自己身上下注，那還有什麼意義可言？要贏，荷包總得失血，可是，失敗也同樣有此下場。花心思、仔細閱讀，列出採購清單，再嚴格遵守。你正為你第一份工作採買制服，新的工作，新的開始──還有什麼更值得你投資？

馬到成功──沒有藉口

你絕對沒有第二次機會來製造美好的第一印象，而且再也沒有比穿西裝加襯衫、打領帶更專業的服裝了。這種穿著展現強勢權威，表示你對自己賴以謀生的工作認真以待。這樣就可以讓你得到工作嗎？也許不行，不過，適當的打扮，的確傳遞了正確的信息：你已經準備上工。

有備而來

企業雇主表示，越來越多前來面試的人，未做任何事前準備──有的甚至到可悲的地步。「許多人無法詳細回答深入尖銳的問題，」波傑爾紐約廣告公司（Bozell New York）資深合夥人索坦諾（paige Soltano）表示。「如果他們告訴你他們在原來的公司完成某個成功的專案，然後你請教他們該專案為何成功的原因，他們卻竟然無法詳細說明。」

──《紐約時報》

美好的面試

　　準備面試時，有五大因素必須加以考慮。每個都能讓你愈來愈接近自己的終極目標。

1. **有自信**：面試時，再也沒有比自信更重要的東西了。它讓面試者明白你可以承擔責任、威權、壓力，最重要的是，你可以表現出自信的感覺。其實就算你完全沒有自信，還是有些方法可以作假。當你堅定的與人握手時，直視對方的眼睛、挺直坐好、表達清楚有力。不過，最重要的就是：做你自己。
2. **有備而來**：曾經當過男童軍的人，最清楚這個信條的重要性。如果你想要知道自信從何而來，就是這裡──所以，要知己知彼。徹底了解該公司和你自己（意謂：知道自己的履歷表寫些什麼），事先準備可能會被問到的問題，尋找你或你的面試者可能都認識的人或共有的嗜

好——任何能讓你佔優勢的東西。

3. **知識淵博**：研究該產業與該公司本身，你就能在適當時機提出聰明的問題。畢竟，此時你並非唯一被面試的人，只是個沒有工作的人。

4. **熱情有勁**：也許你經驗不足，卻絕對可以展現自己的熱情。企業總是需要新血，這就是你所能提供的，所以不要一副氣血不足的樣子，你的熱情應該會感染他人。

5. **融入其中**：一旦你具備前述四個元素，就能將專注於外在的展現上：你的服裝、頭髮、表達方式。只要你搞定這些，這份工作必定屬於你！

修飾邊幅

如果你的頭髮看起來很髒、鬍子沒刮、指甲髒得可以在《金氏世界紀錄》裡記上一筆，你就不可能榮登最佳穿著者之榜。修飾邊幅很重要。務必讓頭髮看起來整齊（不要跟短髮混為一談；如果你頭髮長，沒關係，只要修剪整齊、定期洗頭即可）。至於你臉上的毛髮，最保險的做法就是刮乾淨，如果你留有鬍鬚，務必修剪整齊——恐怖的毛髮就留給ZZ Top（美國德州樂團，長髮長鬚為其註冊商標）。同時，記得每個月至少剪一次指甲。給自己準備一把指甲剪，經常洗手，不要讓指甲縫有髒污。最後，如果你喜歡擦古龍水，務必只要讓那些接近你脖子的人才知道你有擦，辦公室其他人未必願意跟你聞同樣的味道。

預先演練穿著

在面試前一天，試穿整套服裝。穿著走動，讓自己習慣穿著西裝坐下來或疊腿，找出看起來可能會不雅的地方。外套是否如你所想般合身？褲子會不會皺？重點是讓自己穿著衣服時感到自在，才不致因此分心。

接下來，列出你想要帶到面試會場的清單（履歷表、筆、筆記本），並預先準備一些可以跟面試者討教的問題。所有這些準備都會提高你的自信心，展現自己的最佳一面，然後……就……

自我表達的權利

好吧,讓我們來處理小金環、有品味的裝飾釦、垂墜的飾品、在斐濟挑選、飾有羽毛的手工木雕耳環等——面試時可不可以戴?這些就像山羊鬍、落腮鬍、你害怕的東西、項鍊和手鍊等物件一樣,都代表你的特色,絕對可以自由選擇想戴的東西,不過問題是:你是否能得到某個特定工作,是由握有該工作的人雙眼所決定。如果你覺得表達自己的個性非常重要,那對這些東西不以為然的雇主,就可能不會雇用你。如果這份工作值得你做某種程度的調整,好吧,也許你可以犧牲一點個人風格。

恭喜:第二次面試

好了,你已經留下美好的印象,不過,第二次面試該穿什麼衣服?顯然你需要變化一下主題,所以穿不同的襯衫跟領帶、搭配同樣一套西裝。如果你第一次面試時穿白襯衫,第二次換穿藍色試試看。記住:外套不過是個框架,襯衫和領帶才是畫面。

已經夠了,第三次面試

好了,顯然看起來不錯。如果你被要求再度回去,幾乎可以肯定那份工作是你的了。第三次通常就是老闆自己出馬,務必保持最佳狀態。回到白襯衫藍西裝,配一條不同的領帶。你的西裝最近出場頻繁,務必熨燙平整,你絕不希望穿著皺巴巴的西裝出現在老闆面前。

特殊狀況:早餐、午餐、晚餐等

如果你的面試是在用餐時,千萬不要因為午餐丟了飯碗!沒錯,餐桌禮儀必須留意,不過穿著原則同樣適用:穿的就如同參加面試一樣。而且,無論如何,千萬不要為了放鬆自己而點酒精飲料,尤其是在早餐的時候。

精挑細買

你為自己事業所採買的前幾項單品，將是你面試衣櫃的主角。在接下來的教戰守則中，我們將分門別類說明這個衣櫃的內容，並教你如何運用最少的錢、創造最大的效果。

面試西裝必須完美無缺：必須在你身上看起來完美，讓你穿上之後覺得有自信、有安全感。只要再配上簡單的襯衫和領帶，應該能讓你看起來就好像該公司的老鳥一樣。

而且，只要運氣夠好，你就會！

如何購買面試西裝

顏色

深藍色。它夠典雅，適合所有場所、時間與季節，還可以輕易和別的顏色——灰色、棕色、紅色、綠色，甚至黑色，混合搭配。

外套剪裁

經典款式：單排釦、兩顆釦子、寬窄適中的翻領，後面中間的衣擺是否開衩（center vent），則由你決定。當你手臂下垂時，外套的邊緣應該大約在你的手掌與手臂連接處，袖子長度應該能讓襯衫的袖子露出0.5英吋，肩膀應該有墊肩，好讓你更有型，但還不至於到足球隊員的規模。

長褲：只有兩種選擇：前面有打摺或無摺。兩種都適合職場，不過無摺顯得比較苗條。另外一個選擇是褲管反摺或無反摺。這個就沒有選擇餘地：西裝長褲褲管一律必須有1.5英吋的反摺，這樣長褲才能跟鞋背有適當區隔。

布料：羊毛是你唯一的選擇，而且是最好的精紡羊毛。它厚薄適中，不論天氣冷暖，都可以穿。如此一來，你的西裝必能發揮最大效用。

合身度

務必讓西裝剪裁合身，可以請店家或住家附近的裁縫協助。在你修改西裝之前，穿上去走一下，站在二面鏡前，問自己幾個問題：外套的釦子扣得起來嗎？扣起來的時候，有沒有辦法呼吸？手臂可不可以自在移動？背後是否鼓起？坐得下來嗎？長褲的腰是否夠寬鬆？還是太鬆了？臀部是否太緊？有沒有檢查過標價？如果上述這些問題的答案，都讓你感到滿意，就可以準備買你的第一套西裝了。

Interview Wardrobe

你面試時所穿的服裝不必迷倒跟你碰面的人──事實上，如果對方根本沒有注意到你穿什麼，可能反而最好。所以，如果沒有人會記得你穿什麼，那麼你到底應該留下什麼樣的印象呢？得體的印象即可。西裝加上簡單的襯衫領帶，就是最聰明的面試衣著。現在，你必須好好表演了。

「曾經，工作是給資格最符合的人。現在，當三個資格相同的人面試同一份工作時，只有溝通技巧最好的人，才能得到工作。」

──羅傑・艾爾斯

《你就是信使》

你的服裝向面試者透露了什麼訊息？

襯衫
有品味
或
乏善可陳？

領帶
具權威感
或
過分裝飾？

三釦西裝
平凡無奇
或
有時尚感？

皮帶扣頭
搭配得體
或
品味差勁？

褲管反摺
過分講究
或
花花公子？

Suit Jacket 西裝外套

由於西裝是你求職時最昂貴的投資，所以應該物超所值。深藍色西裝應該比衣櫃裡的其他西裝還常穿，因為它也可以當作搭配休閒服的藍色獵裝外套，所以投資報酬率較高。

對齊
如果外套的鈕釦扣起來的時候無法對齊，就表示它可能不合身。

口袋
預防西裝口袋鼓起的最佳方法，就是不要打開它。

閉合處
鈕釦永遠是從上往下扣，最後一個千萬不要扣起來。

Suit Pants 西裝長褲

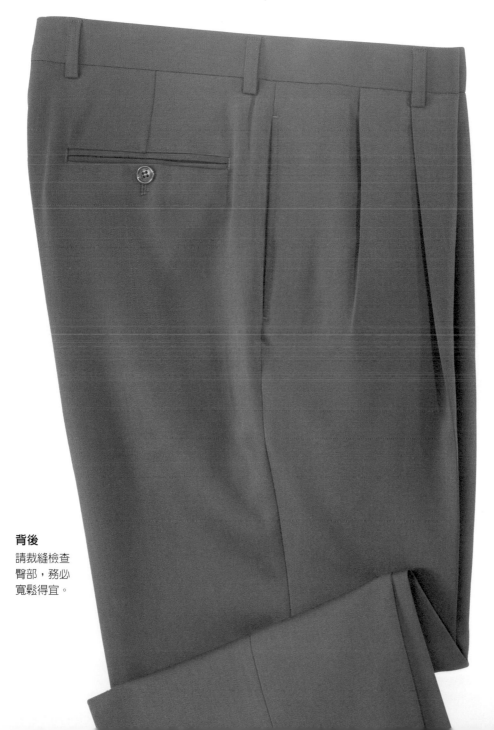

腰部
即使你想要用吊帶，西裝褲還是需要有皮帶環。

有摺或無摺
有摺褲可能比較適合大塊頭，無摺褲卻較顯瘦。

背後
請裁縫檢查臀部，務必寬鬆得宜。

Shirts

男人的西裝要穿對，至於襯衫與領帶則是展現個人風格之所在。選擇最能展現你優點的襯衫。

襯衫

白色正式襯衫
（dress shirt）

重點：寬窄適中的直領、有釦子的袖口、細棉布（broadcloth）

白襯衫適合所有的場合，不論搭配獵裝外套、卡其褲、牛仔褲或西裝，都能傳遞正確的訊息：整潔與效率。這種領型的白襯衫適合所有臉型與膚色，不過，如果未經妥善清洗與整燙，它就完全無用。

藍色正式襯衫

重點：寬窄適中的直領、有鈕子的袖口、表面微微顯露藍白兩色棉線交織紋路的棉布。

就跟白襯衫一樣，藍襯衫也是全功能的，甚至在某些方面更為勝出。白襯衫可能顯示某種程度的順從，而藍襯衫卻表示你自有主張。再度提醒你，務必保持清潔、熨燙平整，並在裡面穿一件可吸汗的白色背心，以免顯露汗漬。

千萬不要讓別人看到你汗流浹背

面試過程可能充滿壓力，讓你無暇顧及自己的體味。什麼是最好的防範之道？穿一件白色純棉內衣。雖然再加一層，可能有違你的本性，不過白色圓領或 V 領內衣，能讓你正式的襯衫看起來清爽，讓白襯衫看起來更潔白。

V 領　　　圓領　　　背心

Ties 領帶

再也沒有比領帶更能彰顯一個男人的個性了。理論上，你每天可以穿同樣的西裝和襯衫（但千萬不要如此），只要換領帶，就能煥然一新。不過，該買什麼領帶，卻往往令男人頭痛萬分。

藍色圖案絲質領帶

一個值得遵循的規則是：圖案越大膽，表示個性越大膽。所以，小心不要讓狂野的圖案搶去你的鋒頭。小而簡單的圖案，如格子、圓點等最理想。領帶圖案如果有各種不同的藍色，對於正開始建構衣櫃的你，可能最為實用。

條紋絲質領帶

條紋（或稜紋）是每個男人衣櫃的必備品，也是學院派的經典。往下的圖案與大膽的顏色，能給穩重的服飾帶來畫龍點睛的效果。選擇一條帶有一點藍色配上金色、紅色、綠色或深淺不一的藍色條紋領帶，你的西裝將就此令人耳目一新。

素面藍色絲質領帶

同一顏色的深淺搭配，可能顯得有點呆板，不過卻非常優雅。霧面或閃亮的絲質領帶是最簡單的搭配方法，不過，若想有點變化，可以買一條上面有塊狀織紋的素色領帶。

該多長？
領帶應該舒服的垂在
你的皮帶扎頭上。

Shoes 鞋子

牛津鞋（oxford）

它看起來很簡單，就是黑色皮革、加上三到六組的圓孔眼，不過牛津鞋卻是職場上最正式的鞋款。腳趾部位是牛津鞋唯一可以耍個性的地方。不論是窄型或傳統型（你父親可能會選擇的鞋款）、或圓一點、或厚一點、高一點的鞋底，都務必讓素面牛津鞋（plain toe oxford）光可鑑人，隨時更換壞掉的鞋跟，並請買一副鞋楦。

鞋底經常洩漏一個男人的靈魂。光可鑑人的皮鞋、妥善保養的鞋跟與未磨損的鞋緣，是一個男人負責任、關心細節的象徵。以下就教你如何跨出成功的第一步。

橫飾牛津鞋
（cap-toe oxford）

橫飾牛津鞋是牛津鞋的基本變化款，在鞋尖有一條水平車縫橫線，皮質比素面款還光亮。橫飾款與素面款的差別在於前者腳趾部位通常較窄。

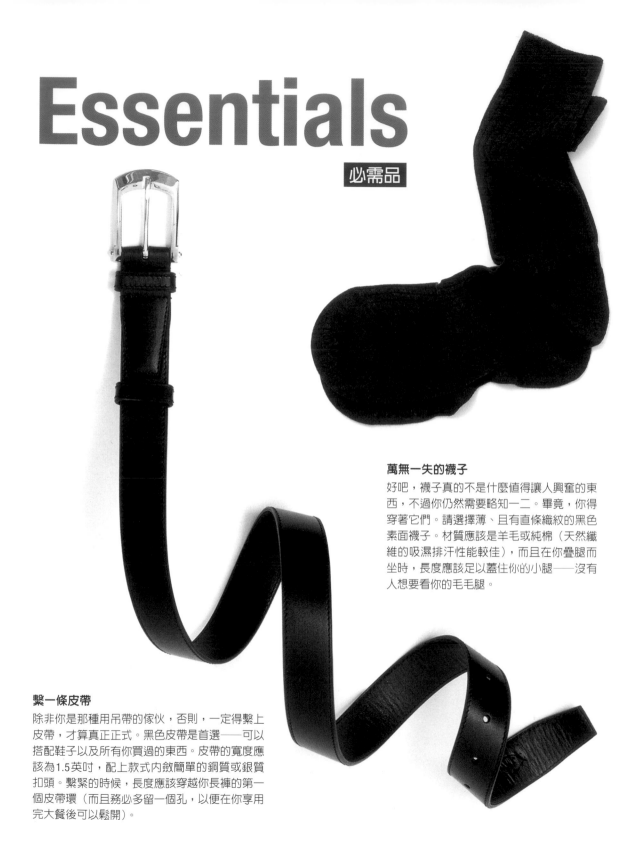

Essentials

萬無一失的襪子

好吧，襪子真的不是什麼值得讓人興奮的東西，不過你仍然需要略知一二。畢竟，你得穿著它們。請選擇薄、且有直條織紋的黑色素面襪子。材質應該是羊毛或純棉（天然纖維的吸濕排汗性能較佳），而且在你疊腿而坐時，長度應該足以蓋住你的小腿——沒有人想要看你的毛毛腿。

繫一條皮帶

除非你是那種用吊帶的傢伙，否則，一定得繫上皮帶，才算真正正式。黑色皮帶是首選——可以搭配鞋子以及所有你買過的東西。皮帶的寬度應該為1.5英吋，配上款式內斂簡單的銅質或銀質扣頭。繫緊的時候，長度應該穿越你長褲的第一個皮帶環（而且務必多留一個孔，以便在你享用完大餐後可以鬆開）。

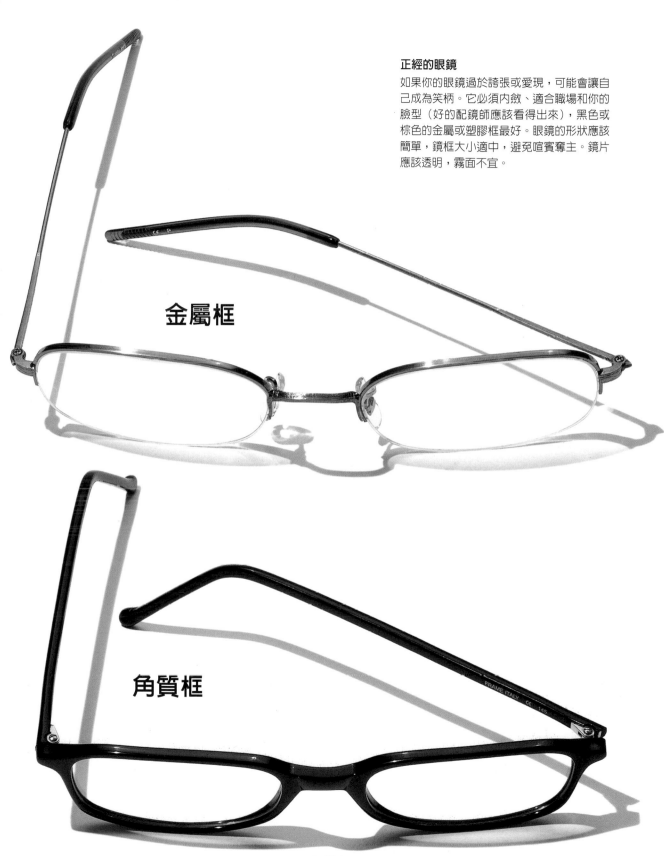

正經的眼鏡

如果你的眼鏡過於誇張或愛現，可能會讓自己成為笑柄。它必須內斂、適合職場和你的臉型（好的配鏡師應該看得出來），黑色或棕色的金屬或塑膠框最好。眼鏡的形狀應該簡單，鏡框大小適中，避免喧賓奪主。鏡片應該透明，霧面不宜。

金屬框

角質框

Résumé/Portfolio

履歷表／資料夾

在你前往面試前的最後一個細節是：帶一個黑色皮質行事曆和文件夾，文件夾可以放額外準備的履歷表，行事曆可以記下之後可能需要的資訊──象徵你條理分明。

面試檢查表

面試前，為了避免事後的後悔，
最好依照下列這個清單，做個最後的檢查：

1. 兩枝筆（萬一其中一枝沒水）
2. 皮夾或錢包
3. 面試聯絡窗口、地址、電話號碼
4. 備份履歷表
5. 行事曆或PDA（以記下未來的會面時間）
6. 行動電話（面試前關機）
7. 口氣芳香劑

行事曆

得到後續的面試機會？記在你的行事曆上，會顯得很有效率。如果你覺得行事曆有點過時，就用PDA吧！

皮質文件夾

皮質文件夾比塑膠盒更優雅，同時也可以作為你的第一個公事包。

硬殼文件夾
軟質文件夾的時髦款，簡潔的塑膠盒能讓你的履歷表和筆記本保持平整、不會弄皺。

履歷表
面試時務必準備幾份履歷表備份，即使面試者手邊已經有一份——這麼做，會讓你顯得認真勤懇。

Watch

手錶

即使是藍領工作者都需要戴錶。錶不會花你多少錢，還能讓你提早抵達面試場所。如果你還沒找到一支合適的手錶，現在正是時候。皮質或金屬錶帶都適合職場。如果是皮質錶帶，請選光滑的黑色、棕色或咖啡色的錶帶。至於金屬，請選擇不鏽鋼或黃金（或兩者混合），切忌太閃亮或太運動型的款式。簡單的圓形或長方形錶面最理想，數位電子錶就等到上健身房時再戴吧！

容易閱讀、不過於運動型的電子數位錶

圓形或長方形錶面皆適合

不鏽鋼和黃金的多元組合，不論金飾與銀飾，皆能搭配得宜。

特色：日期顯示

整體搭配的手鐲型錶帶

淺色錶面底色

節狀、非擴充式的裝飾嵌條

圓形錶面、皮質錶帶：
保守、務實、正經、
直截了當

不鏽鋼金錶：
高裝飾性、直率、自信

檢查是否合適：
手錶應該緊緊貼住手腕，
不會像手鐲般滑動。

堅固的錶緣

單一錶盤

特色：發光錶面

耐用錶柄

加墊皮質錶帶

不可過大

CLOSET

interview wardrobe
求職衣櫃

衣櫃

你衣櫃裡大部分的空間，應該塞滿了不適合你此時求職所需的衣服，表示要整理出適合上班的服裝，其實相當簡單。以下是一份建立並維護求職衣櫃所需的服裝工具清單：

求職衣櫃

1套西裝　　　　　1支手錶
3件襯衫　　　　　1個文件夾
3條領帶　　　　　襪子／內衣
1雙鞋子

衣櫃工具

- 全身穿衣鏡　　　• 鞋楦
- 良好照明　　　　• 線頭去除器
- 堅固的衣架　　　• 熨斗／燙馬
　（幫助維持衣服的形狀）　• 蒸氣熨斗

服裝檢查表

- 避免過度頻繁乾洗你的衣服，因為可能造成纖維的硬化。（常穿衣物──每個月乾洗兩次；週穿衣物──每月一次；偶爾穿──一季一次。）
- 皺掉的西裝與其乾洗，不如用蒸氣整理（用蒸氣熨斗或掛在浴室，利用洗澡時的熱蒸氣）。
- 每天晚上都把你的西裝或運動外套掛起來，鞋子脫下後，在鞋子裡放入鞋楦。
- 乾洗衣物拿回家後，就從乾洗袋中取出，否則容易泛黃且有濕氣。

該買何種西裝 ?

親愛的傑夫與金：

我最近找到一個跟之前工作類似職位的管理職位。不過，我之前的工作，只有在跟客戶見面時，才需要穿西裝，而我的新工作卻只有週五才能穿休閒服。我的兩套西裝（深藍色和淺褐色）將無法滿足所需，不過我卻負擔不起為了每天穿不同的衣服而多買幾套。有沒有什麼簡單的辦法？或者我只需要買很多領帶即可？

——衣櫃備受挑戰者

親愛的衣櫃備受挑戰者：

深藍色與灰色的西裝，應該就夠用了，所以下一套西裝就選擇灰色。在這套西裝上多花一點錢，它將成為你萬無一失的裝扮。此外，增添一件深色、小圖案的獵裝短外套或休閒外套，讓你在休閒星期五時仍能顯得有架式。在一些質料好的棉質襯衫和絲質領帶上多花一點錢，就能讓你看起來好像衣櫃裡有許多衣服一樣。記住：西裝不過是個框，襯衫和領帶才是圖案。

——傑夫與金

Succeed in Job 2

一路亨通

職場衣櫃

隨著工作，事情將接踵而至。薪水、升遷，以及到了某個階段，甚至連財務保障都會陸續發生。不過，後者現在已經消失了，唯一留下來的保障，就是你把事情做好的能力、好好照顧自己，以及清楚、明確地展現你的能力與價值。不論你的能力為何，重要的是你不必擔心自己所製造的印象。不管你在辦公室的走廊行走、跟客戶見面或開會，你的服裝應該能夠默默傳遞與你有關的正確訊息。在這個單元中，我們將告訴你幾種建立衣櫃的方法，讓你既能省錢、又能正確傳達你的價值與能力（如果你能力不足且沒有價值──你的服裝就幫不上忙了）。

穿得像個上班族

謝謝你，
約翰‧莫洛伊

穿白襯衫的男人被認為比較
有能力且誠實……
《為成功而穿》，1976

（穿白襯衫的男人）比穿其
他顏色的男人聰明、誠實、
成功與有權勢。
《為成功而穿》，1988

歡迎加入

你在面試時穿什麼是一回事，一旦等你得到該工作，每天得穿的衣服，又是一件完全不同的事了，而且複雜的多。前者只需要看起來像、能夠立即傳達你屬於該公司的印象即可。不過，當你得到該工作後，維持一定的外表與標準就非常重要。顯然，別人不會根據你的外表來判斷你的工作表現，不過，就某些重要層面而言，穿的好是職場成功的必備條件。

備受敬重的男人

在辦公室穿著得體是一種自我尊重的表徵，讓你的同事與主管明白你已經為工作準備就緒。而且事實上，要在職場穿著得體，其實並不費力。重點是：如果你沒有時間照顧自己的外表，就等於在告訴大家你也許無法妥善關照自己的專業職責。

這是在職場精穿細著背後的真理：你在展示對自己的尊重。而且如果你如此做，別人必定也會如此。

你的職場衣櫃
——掌控形象的必備工具

> 「如果我可以
> 因為所穿的服裝而
> 領先別人一步，
> 所有的努力就
> 值得了。」

——克雷格‧伯格森
（Craig Pogson）
紐約Orsay法國餐廳侍者總管

每個產業都有不同的標準，產業內的每家公司標準也不同，而且同一家公司不同部門的穿著標準往往也不盡相同。這表示職場有一些必須遵守的職場穿著原則，而且永遠適用：

1. 合宜得體：辦公室或產業，就跟高級俱樂部一樣，讓自己看起來像個會員，而非客人。

2. 展現專業：不論你的穿著規範屬於企業正式型或休閒型，你所穿的服裝都應該反映你對工作的認真態度，才能讓你安心自信地處理任何挑戰。

3. 舒適自在：你無法穿的不像自己。如果只有藍色西裝會讓你感到自在，就穿它們吧。為你的個性與體型而穿，但請記住：舒適自在並不等於邋遢。

4. 運用謀略：服裝能讓你與眾不同。捫心自問你的目標為何，再以此作為穿著標竿。你想要升官嗎？設法打個比較大膽的領帶，讓你更醒目一點。你的姿態過高，想要融入團隊嗎？請開始穿的跟其他成員一樣。想要老闆更留意到你嗎？留意一下老闆的穿著，模仿他（當然，必須在你的預算之內），讓他讚美你的好品味。

合宜得體：最不需要擔心的一件事

午餐後有十四通語音留言等著你、三十二封電子郵件等著回覆、三週後要做一場PowerPoint的簡報……辦公室的壓力實在夠多，你根本沒有餘暇擔心每天要穿什麼。如果你可以盡量開發自己衣櫃的潛能，學習精穿細著的原則，就會消除（至少能減輕）一個工作焦慮的可能來源，即使必須為隔天的重要會議或午餐會報準備服裝，你都會感到輕鬆不少，讓你能夠從容自信地走進任何場所。

職場急救站：辦公桌

身為男人，我們一再被告誡務必「未雨綢繆」。青少年時期，我們在皮包裡隨身攜帶我們準備的「未雨綢繆物」，現在則是在車裡放比較沒那麼刺激的跨接電線（jumper cable）。未雨綢繆也適用在職場，尤其當你不希望在命運之神敲門之際，自己竟然毫無準備！所以如果你有機會發光發亮，務必確保你的鞋子也是如此。隨時在你辦公桌的抽屜裡準備下列物品：

❏ 一件乾洗整燙過的平整白襯衫 ❏ 備份的鞋帶

❏ 一條素色或深色領帶 ❏ 備份的領子定型器（collar stay）

❏ 體香劑 ❏ 飯店提供或市售的針線旅行組合包

❏ 牙刷與牙膏 ❏ 指甲剪

❏ 一把梳子 ❏ 眼藥水

❏ 拋棄式擦鞋布 ❏ 拋棄式刮鬍刀與小型刮鬍劑

未被知會

時代在改變──你呢？

90年代中期，當經濟高速成長之際，許多知名企業熱烈擁抱休閒星期五的理念，某些企業甚至完全廢除所有穿著規定。當你賺那麼多錢時，誰還會在意你的員工上班時穿什麼？

不過隨著經濟情勢的反轉，邋遢的個人外表已經不再被理所當然地接受。而且當人們開始失去工作，認真看待工作的態度，又重新成為主流。因此，人們開始早到、晚退，並設法在外套與領帶之下尋求保障。還是，難道你還未被知會？

誰被知會？看看四周

過去幾個月來辦公室的穿著規範是否已經改變？你有沒有注意到？看看四周。你的老闆是否不再穿卡其褲來上班？有沒有哪個狂放不羈的同事開始刮鬍子，把頭髮剪短一點？你是唯一穿牛仔褲的人嗎？

非常可能的狀況是：你的同事已經開始再度為工作盛裝，如果你還沒有如此做的話，現在就是精穿細著的好時機。

簡繳評估法

> 「我是一個
> 個人工作者，
> 不過如果我
> 可以重來一遍，
> 我一定會請
> 別人來做。」
>
> ——羅南德・楊
> （Roland Young）
> 演員

現在你已經工作一段時間了，也該是評估自己的事業和衣櫃的時候了。他們有沒有給你想要的或需要的？

評估：你是否穿出前途？

你的事業是否照你所設定的計畫在進行？你的工作是否具有挑戰性，讓你樂在其中？你早上是否不再設定鬧鐘？如果一切進展順利，五年或十年後，你想做到什麼職位——還需要具備什麼樣的條件，才能達到目的？

現在看看你的衣櫃：是否充滿了可以支撐自己設定目標的衣服？你的衣櫃可不可能扯你後腿？你的職場服裝是否能吸引同事的目光？它們是否能讓你抬頭挺胸，工作更帶勁？

拋棄：什麼在扯你後腿？

如果你沒有達到自己想要的目標，到底是什麼在扯你後腿？你的目標是否不夠實際，對自己的期望不夠務實？你對自己是否過於嚴苛或過於輕鬆？有沒有朋友迎頭趕上超越你？獲得升遷？得到更大的授權？金

錢是否如你所以為般的重要？它的重要性是否超過你願意承認的程度？你的服裝是否過於年輕、青澀，但是你卻已經年長有成了？

更新：遵守既定目標

一旦找出扯你後腿的東西後，接下來就該弄清楚你的目標為何，以及達到目的的方法。找一個導師：一個可以讓你諮詢自己的事業、可以在不冒犯你的狀況下直言不諱的人。對未來抱持積極態度：研究自己公司裡其他部門或其他公司，是否有你想要的職位。

現在，看看你的衣櫃。你看起來像不像那些專業能力受你肯定的人？他們的穿著是否帶有某種你必須回應的權威？也許該是你投資另外一種服裝，好讓自己事業起飛的時候了。

建立有前途的衣櫃

真相是：男人可以同樣一套西裝一個禮拜穿三次，而且沒有人會注意到。如果經過妥善的整燙，一套藍色西裝搭配對的襯衫和領帶，就可以每天看起來都跟新的一樣，偶爾再加一、兩件毛衣即可。只要善加混合你的衣著──一天穿條紋襯衫、接著藍色、白色，然後再穿一件顏色大膽的襯衫──你就能透過質料好的西裝與有創意的搭配，擴充自己有限的衣櫃。雖然你的西裝可能不夠多，不過建議你買一套耐穿的好西裝，伴隨你一路高昇。

星期五千萬不可放鬆

即使你的公司相信星期五的穿著可以休閒，並不表示你可以如此做，並沒有明確規定你應該看起來休閒。而且如果你想要獲得升遷或加薪，為何要在你老闆可能注意到你的那一天穿的如此輕鬆？把你自己當作參加延長賽的隊伍──絕對不能在延長賽中讓觀眾失望。所以，如果你想要往上爬，就多做一點，隨時保持最佳狀況。你絕對不會知道誰在注意你。

衣櫃投資報酬率

投資你的未來

　　事業的起頭，就跟開公司一樣，有開辦成本。有些很明顯（西裝成本高昂），有些則是隱而不見（修改、乾洗等），不過，這些花費都不應該讓你破產。聰明的做法就是擬定一個支出計畫。

了解必要的費用

　　建立你的衣櫃時，有幾件事情請謹記在心：
1. 你可能已經擁有一些需要的單品。
2. 選擇一或兩件單品好好投資——一套西裝和一件獵裝外套，其他就花少一點。
3. 別人通常會以鞋子和手錶來評斷男人，因此不妨在這兩者投資，至少要精心挑選。
4. 簡單的省錢法：換季拍賣、樣本拍賣、設計師暢貨中心（留意次級品和有點瑕疵的商品）。
5. 襯衫是經常性的支出。它們會磨損、弄髒，而且同樣的款式半年後就又可以買到。
6. 選擇和你大部分的外套可以搭配的領帶，可以延長它們的使用頻率。
7. 忽視潮流。偶而買條流行的領帶，固然令人有所期待，不過，一般而言，最好固守那些永遠不會過時的款式。

遇見週五喬

（Joe Friday，美國知名電視
警探影集〈警網擒兇／
Dragnet〉中的虛構警探人
物）

在建構你的週五衣櫃時，打
領帶還是不打領帶？這裡有
一個完美的候選人（嘿，就
跟你一樣）！黑色針織領帶
——它的紋路可以軟化西裝
硬梆梆的感覺之外，還能為
休閒襯衫或獵裝外套增添一
點修飾感。四步活結是最好
的打法，可讓你看起來不會
像個老爺爺（當然如果你跟
他一樣老，這樣也不錯）。
黑色針織領帶是所有男人衣
櫃裡的必備品。很高興認識
你，喬。

我的預算應該放在哪裡？

第一年	$	襯衫、領帶、手錶
	$$	長褲、鞋子、外衣
	$$$	西裝、獵裝外套、公事包

　　在建立你職場衣櫃的第一年，你的需求最大，預算卻最少。該怎麼辦？小心規劃，聰明消費。用建築的術語來說，就是從基礎的西裝和獵裝外套開始建構。這可是關鍵投資所在，因為所有你能負擔的質感與變化，都落在這些單品上。選得好，可以讓你往後幾年都值回票價！

　　不要把你有限的資源浪費在領帶或時髦的手錶等東西上。領帶和襯衫在這個階段應該保持簡單，也不必太昂貴——尤其要考量它們在長時間使用與頻繁的乾洗與拉扯之後的磨損。昂貴的手錶只會讓你看起來不得體——你希望老闆認為你需要加薪、而非相反的結果。

第五年	$$	襯衫、領帶、筆
	$$$	長褲、襯衫、領帶、鞋子
	$$$$	西裝、獵裝外套、大衣、手錶

　　工作五年之後，你的衣櫃基礎應該已經夠扎實，應該你將開始建立必需品。西裝與外套仍然是優先項目，因為它們成本最高，而且搭配性最強。此時，你也可以投資一件不錯的大衣，雖然價格較為昂貴，不過卻能讓你受用許多年。

　　同樣的，在你事業的這個階段，一隻昂貴的手錶應該也是不錯的投資——假如你想買一個可以一直用到退休的單品的話。如果你想要在襯衫和領帶上多花一點，務必要買適合特殊場合的——公開演講、重要的晚餐——而且務必請好好照料。當然，好的鞋子將有畫龍點睛之效，不過到目前為止，你應該有好幾雙可以輪流穿著的鞋子。現在應該是投資質感、而非數量的時候。

The Ten... 十誡

它對摩西有用，甚至對大衛‧賴特曼（David Letterman，美國知名談話性節目主持人）也有用。不論是人民教化或深夜電視談話節目，有個類似十誡這種能夠讓人警醒的指導原則，總是能讓人安心不少。顯然，早上七點要找出什麼配什麼、為了避免犯下不可彌補的大錯而購買女友、老婆或售貨員喋喋不休要你買的東西，或者就只是單純地為了避免尷尬而每天穿衣服上班的種種挑戰，都比前述兩者還來得大。由於挑戰如此艱鉅，因此我們提供下列這三個十誡，給你參考……

穿著律法

1. 你不必為了看起來好像花了很多錢而在衣服上耗費鉅資。
2. 深色總是顯得較有權威。
3. 經典就是因為它們是經典。
4. 穿著得體就如同良好的教養。
5. 領帶永遠要打好，放在正確的位置，而非歪斜。
6. 沒有人會看到標籤。
7. 質比量還重要。
8. 沒把握時，就穿深藍色。
9. 或灰色。
10. 服裝無法造就一個人。（雖然它們可以為人造假。）

聰明購物的秘訣

1. 穿著適合你去購物商家的得體服裝。
2. 穿上你會用來搭配西裝的白襯衫、正式襪子和鞋子。
3. 務必記得試穿。
4. 務必照鏡子（最好是三面鏡）。
5. 如果在店裡不好看，在家裡也不會好看。
6. 店裡的燈光沒有什麼不對的地方。
7. 不要隨便買大拍賣的東西，除非這個東西以全額價出售時，你也願意購買（如果你買得起的話）。
8. 大一點的衣服可以修改到合身，緊一點的衣服卻只會越來越緊。
9. 鞋子不會變大。
10. 售貨員一定會跟你說你穿起來很好看。

致命的罪過

1. 肩膀過緊、腰身緊貼，而且扣不起來的外套會讓你看起來像隻塞滿內餡的火雞。
2. 穿襪子上班，除非你在海灘工作。
3. 十年前穿起來好看的衣服，並不表示現在仍然如此（請回到致命的罪過第一條）。
4. 長褲不要修改過短，應該剛好蓋住鞋面。外套也不能太短（你的臀部絕對不能露出來）。
5. 皮帶是為了讓你的長褲不會掉下來，而不是用來吊掛某些科技產品。呼叫器、行動電話，以及其他數位道具，都屬於外套口套的管轄區。
6. 過於寬鬆的長褲讓你顯得可笑，過緊的長褲則會讓你不舒服。
7. 用吊帶又用皮帶，是多此一舉……還是多此一舉。
8. 如果襯衫領子過緊，會讓你看起來像條被擠壓的牙膏。
9. 大衣上的連衣帽。
10. 如果你得問別人是否搭配，就表示可能不配。

謀略穿著術
——學會解讀成功密碼

誰看起來很專業、他們穿什麼？

辦公室衣著的基本原則之一就是：為你想要的工作、而非現有的工作而穿。所以看看四周，誰現在在做那份工作？他怎麼為該工作而穿？誰為他工作？諸如此類等等。每個辦公室或企業都有自己的穿著密碼。一路亨通的第一步就是讀懂自己辦公室的穿著密碼。

因地制宜，盛裝以赴

一旦你解開辦公室穿著密碼，就必須考慮如何因應不同職場的專業情境而穿。適合上午會議的服裝，未必適合午餐會議，甚至簡報。首先，請問自己：你想要傳達的訊息為何，再到衣櫃尋找適當的服裝。以下是幾個常見的場合：

會議主持：顯然此時你最需要的是權威，然而再也沒有比西裝更能彰顯權威的服裝了。（畢竟，這也是為何人們會將主管稱為「穿西裝的」原因所在。）由於在許多公司中，男性上班族工作時會脫下外套，因此請注意自己所穿的襯衫——務必保持平整與乾淨。

做簡報：做簡報時，你一定得具備權威感，並成為眾人注目焦點。此處的關鍵在於，不要過度引人注目，以至於轉移簡報的焦點。再度提醒：西裝必須跟襯衫與領帶搭配，而領帶則是你吸引他人目光的工具。襯衫與領帶切忌不要過於賣弄或讓人眼花撩亂，必須能夠反映力量感。不妨考慮穿一件有法式袖釦的襯衫，再配上一條絲質領帶也不錯。

與客戶午餐：這種場合，最重要的，當然是展現自己的專業力，不過同時也必須能夠閱讀跟你會面的人（或人們）的文化。他們穿西裝？獵裝外套？領帶呢？此時的目標應該是做自己，不過，與此同時，也必須顯得可親。換句話說，不要穿得比客戶正式，而在氣勢上壓過對方；如果對方的企業穿著文化比你們的還正式一點，那麼比你平常盛裝一點，就可展現適當的尊重。

工作檢討會：這就跟面試一樣，所以要展現自己最好的一面。如果你平常都穿西裝上班，現在也應如此。如果你平常不穿、現在卻穿的話，反而會讓你顯得僵硬、不自在。面對這種情形，你還是應該穿得正式一點——穿獵裝外套、打上領帶。展現你關心的態度，不過，不要看起來好像努力過度的樣子。

老闆邀你小酌：首先，放輕鬆，這絕對是件好事。如果是你的工作出了問題，應該會被叫去老闆那裡，不會是老闆來找你，所以要打扮的精明一點。沒錯，這屬於社交場合，不過穿著請務必能展現自己的專業力與負責態度——不要害怕展現自己的個性。換句話說，打一條老闆可能會欣賞的領帶，或是戴一副可以帶動話題的法式袖釦。還有，不要飲酒過量。

精挑細買術

你為面試所購買的西裝不會是你買的最後一套西裝，不過由於它可能是你擁有的第一套西裝，所以必須具備很強的搭配性，就把它想成是你衣櫃裡的瑞士小刀好了。

如何購買職場西裝

我該先買什麼？

首要
- 西裝
- 獵裝外套
- 正式長褲
- 正式襯衫
- 領帶

次要
- 斜紋棉布褲
- 毛衣
- 休閒衫
- 鞋子
- 襪子
- 皮帶
- 大衣
- 配件

精挑細買術：長褲

顏色：
深灰色＝適合所有上班場合
黑色＝低調優雅，具都會感
棕褐色＝回歸自然，卻低調優雅
布料：整年可穿、重量中等的羊毛與羊毛混紡的材質，最實用耐穿。

夏天時，夏季羊毛料或麻布通常比較舒服，至於冬天，較厚的羊毛或羊毛法蘭絨則較保暖。

款式：此處所需面臨的選擇同樣是：前面打摺或不打摺。兩者皆適當，不過體型較大者也許會發現打摺褲比較寬鬆（雖然無摺褲較能顯瘦）。打摺褲褲腳應該反摺（1.5英吋），而無摺褲則往往在褲角不反摺時，顯得更流暢有型。至於腿部的寬窄，每季款式的變化不大，幾乎留意不到。基本上，避免過於極端：不要太窄、也不要過於寬鬆。最重要的一點是：把長褲掛在你的腰上。你可能會認為把長褲放在肚子下面比較舒服，不過，這只會更加突顯你的大肚子，讓你看起來更邋遢。

精挑細買術：休閒衫／毛衣

意涵：雖然比穿襯衫、打領帶休閒，不過一件好的休閒衫卻能明白告訴他人，你不僅能努力工作，也懂得如何自在放鬆。

最佳的呈現法：休閒衫跟獵裝外套最搭，不過，質料好的休閒衫也可

以跟西裝搭配。深藍色與鐵灰色休閒衫搭配西裝最好，而紅褐色或深綠色休閒衫則是獵裝外套的最佳夥伴。

精挑細買術：公事包

軟質公事包（soft briefcase）：軟質公事包（尤其是配有方便的肩帶者）在近十年已經取代硬質公事包，成為主流。

最佳款式：軟質皮革公事包最好是黑色、深咖啡色或棕褐色，配上銅或銀製的把手配件。

硬殼公事包（The Attaché Case）：這種傳統的硬殼公事包會讓別人知道你完全公事公辦──即使你必須把它上鎖，也沒有任何事情會妨礙你的工作。

最佳款式：附有銅質或銀質把手的黑色、咖啡色或棕褐色皮革之款式。

目標

三或四套西裝、幾件獵裝外套與長褲、許多襯衫與領帶、幾雙鞋子，以及幾個彰顯權威力量的配件。

非得如此不可的原因：建立適當的職場衣櫃是你事業成功的關鍵，因為它能讓你有備無患的面對各種場合，讓別人知道你適才適所。

指導原則：我需要什麼？我需要多少？

品質管控：在你此時的職業生涯中，買你預算所及的最佳品質。雖然你購買的數量會因此受限，不過長遠看來，優質單品將較為耐用，還能給你較高的投資報酬率。

半溫莎結（Half Windsor）

在你職場的各個階段，你必定針對特殊場合添購了幾件襯衫與領帶。
如果領子下擺較平直，領帶圖案較有變化且較厚時，半溫莎結應該是不錯的打法。
不過，應該把它當作重點點綴，不適合經常如此。

1. 拿起領帶，從靠近窄的一邊、約領帶長度三分之一處，摺起寬的一邊，如同形成一個環，之後，將寬的一邊橫過窄的一邊，由上而下繞到前面。

2-3. 將寬的一邊由左到右繞過中間的環。

4. 繞出環後，再穿入前面的結。

5. 慢慢把結朝領子方向繫緊。

Work
Wardrobe

職場衣櫃

隨著你開始在職場發光光熱，你的衣櫃也必須跟著你
擴充。隨時掌握辦公室的氣氛、自己的職位，以及你
為自己所設定的職場目標。同時記住：你在下面章節
中所看到的服裝，不需要馬上或甚至在一年內採買。
衣櫃，就跟事業一樣，需要花時間來建立。

「成功人生的秘訣
在於找出個人命定的使命，
就放手做去。」

——亨利．福特（Henry Ford）

我的服裝是否夠專業？

Navy Interview Suit + 3 Suits = Work Wardrobe

深藍色面試西裝＋3套西裝＝職場衣櫃

你的西裝就跟面試西裝一樣，應該買你預算範圍內、品質最佳的經典款式。下列這些指導原則，不但能增加你的搭配組合，更能讓你的預算物超所值。

Dark Gray Suit

深灰色西裝

就跟深藍色西裝一樣，灰色是基本的必備顏色。所有東西都跟灰色很搭，而且看起來很棒。選擇幾乎一年四季都可以穿的精紡羊毛材質，最好是兩顆鈕釦或三顆鈕釦的款式（三顆鈕釦也很傳統，而且往往顯瘦），後面開衩或不開衩皆可。

這個世界當然不是非黑即白，而是灰色的，而且理由充足──灰色優雅又正式，穿灰色西裝的男人認真又沒有缺點。這套西裝的剪裁應該跟深藍色西裝一樣，長褲褲腳務必要有反摺，腰部內部的小釦子則是給吊帶用的。

Light
Gray
Suit

淺灰色西裝

淺灰色是第三套西裝的聰明選擇。它跟深灰色西裝一樣,搭配性很高,而且可以在夏天時穿著。卡其色也是第三套西裝的另類選擇。

設法跟你的深灰色西裝有所差別。比如:如果深灰色是兩顆鈕釦,這一套就可以選擇三顆鈕釦。

Khaki Poplin Suit

卡其色府綢西裝

卡其色西裝就等於是夏天的深藍色西裝，是所有男人氣候暖和時節的必備品。出外時，把這套西裝拆開來穿，就等於有一條卡其色長褲或一件卡其色外套。

卡其色西裝比深色西裝稍微休閒一點，不過仍然是西裝。比較正式精緻的府綢布料輕薄，最適合夏天。不過由於布料很輕，務必經常整燙（至少要用蒸氣燙過），否則你看起來可能會像沒有鋪好的床。

Bulletproof

萬無一失的單品

最正式的獵裝外套就是布料較薄、有口袋、有西裝翻領的獵裝短外套（blazer，顏色較西裝鮮豔的獵裝外套），它適合所有工作場合，也很可能是你衣櫃裡最常穿的單品。獵裝短外套如果肩膀部位和襯裡布挺一點，就會比較像西裝外套，而非休閒外套。傳統的獵裝短外套會有金鈕釦（它本來是海軍的制服），不過，幾乎所有店家都會提供深藍色鈕釦，或隨你的意思更換鈕釦。

The Blue Blazer

藍色獵裝短外套

藍色獵裝短外套就跟電視機的遙控器一樣──很簡單，但男人少了它，就活不下去。不論上班、午餐會議、旅行或週末，獵裝短外套都是最佳夥伴，可以讓你立即變裝，前往任何場所。如果要跟你的西裝搭配，就請選擇厚薄適中、夏天冬天都適宜的羊毛獵裝短外套，最好是單排、兩顆鈕釦，不過三顆鈕釦也可以被接受。

領子
外套或西裝的領子應該用羊毛滾邊，才可讓它平整的貼著頸部與肩膀。

鈕釦
鈕釦周圍的車縫必須精緻，表示縫線必須牢固，才不致脫落。

口袋
口袋應該鑲上嫘縈（rayon）或棉布，如此才能維持外套的形狀。為了進一步確保外套不會變形，請勿打開外套口袋。

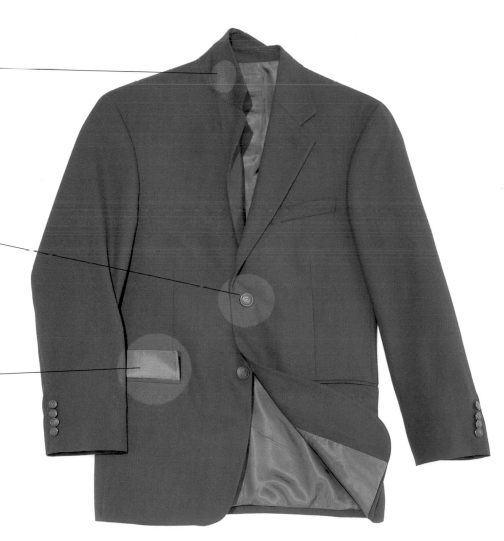

Sport Jackets

獵裝外套

不穿西裝時，就是獵裝外套上場的時刻。它雖然不夠正式，不過也很適合職場。事實上，由於過去幾年職場穿著規範的日益鬆綁，獵裝外套不但已被接受，甚至成為必要；它讓你穿衣有彈性，並能展現值得信賴的專業感。獵裝外套搭配上優質的長褲、襯衫與領帶（有時候甚至不需要打領帶），也能營造非常盛裝的感覺。

圖案種類

許多有圖案的外套源自蘇格蘭地區過去的漁獵休閒活動（譯註：因此將 sport jacket 翻譯為獵裝外套），所以這些圖案都和運動有關，如狼牙紋（houndstooth）、魚骨紋（herringbone）等。獵裝外套是你增添衣櫃色彩的好工具，尤其是一些大地色系。由於這些圖案看起來都較為休閒，所以請注意剪裁，務必在正式與休閒間取得協調。

魚骨紋

這是你第一套花紋外套的首選，因為它雖然是斜紋布，卻不會顯得臃腫。它的鋸齒紋路有大有小，不過小紋路比較精巧，因此較好。

狼牙紋

跟魚骨紋一樣，圖案有大有小，同樣的，小的較好。黑白紋路是經典；深淺不一的咖啡色紋路，則是另外一種較不傳統的圖案。

方格紋（check）

狼牙紋比較參差不齊（並非看起來參差不齊），方格紋則比較整齊，而且通常較粗。

方塊紋（plaid）

方塊紋的西裝（有時候又稱為威爾斯王子方塊紋／Prince of Wales plaid）可以非常正式，不過如果用在獵裝外套上，就變得比較休閒。深淺不一的咖啡色圖案比黑白圖案的搭配性還強。

斜紋（tweed）

不論是條狀紋路或混色，簡單的斜紋都能增添你衣櫃的色彩與質感。斜紋跟其他圖案不同的地方是：比較有季節性，是天寒時節的好夥伴。

單品的力量

魚骨紋外套
扣領襯衫
條紋領帶
法蘭絨長褲

狼牙紋 魚骨紋 斜紋 方塊紋

Pants

長褲

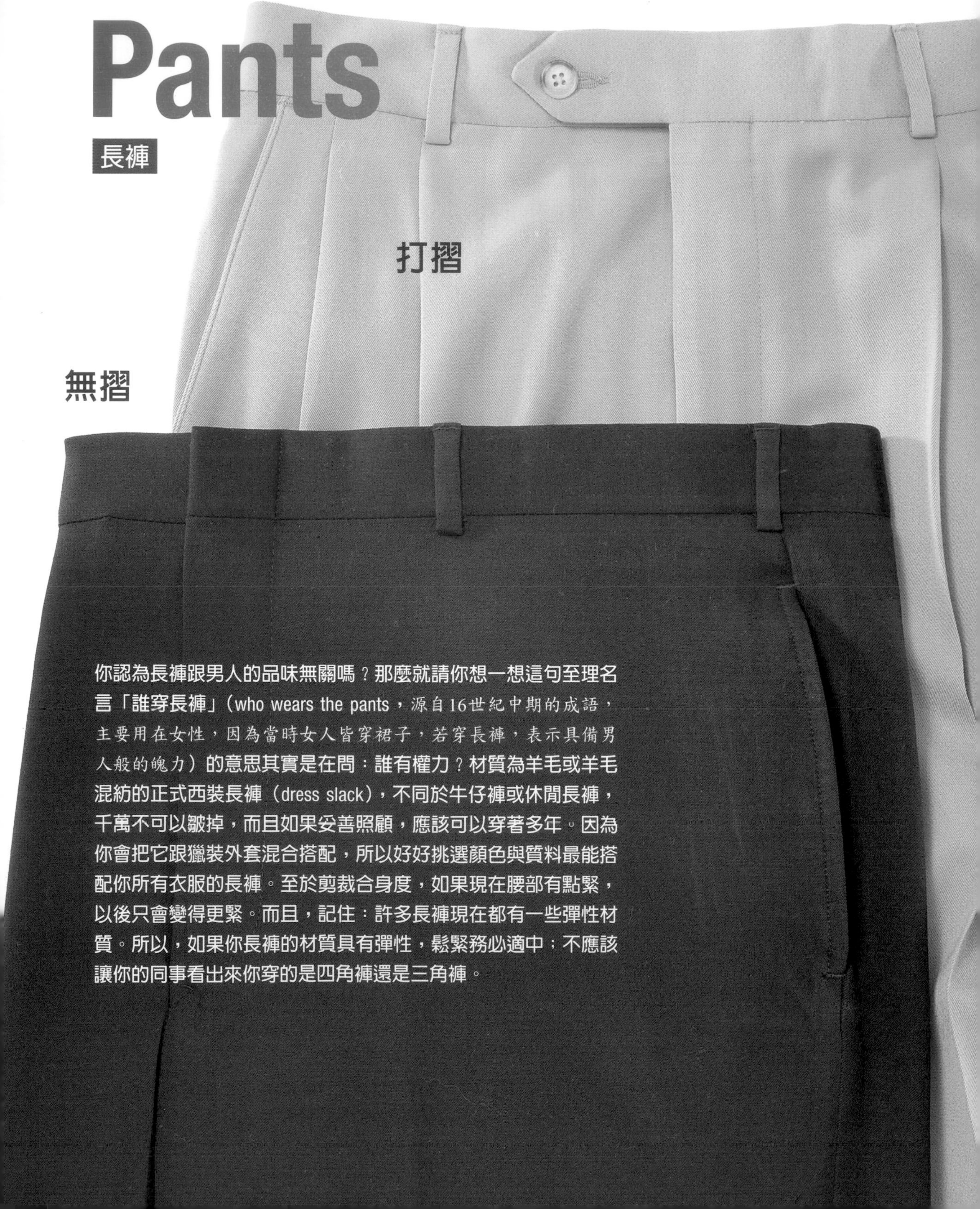

打摺

無摺

你認為長褲跟男人的品味無關嗎？那麼就請你想一想這句至理名言「誰穿長褲」（who wears the pants，源自16世紀中期的成語，主要用在女性，因為當時女人皆穿裙子，若穿長褲，表示具備男人般的魄力）的意思其實是在問：誰有權力？材質為羊毛或羊毛混紡的正式西裝長褲（dress slack），不同於牛仔褲或休閒長褲，千萬不可以皺掉，而且如果妥善照顧，應該可以穿著多年。因為你會把它跟獵裝外套混合搭配，所以好好挑選顏色與質料最能搭配你所有衣服的長褲。至於剪裁合身度，如果現在腰部有點緊，以後只會變得更緊。而且，記住：許多長褲現在都有一些彈性材質。所以，如果你長褲的材質具有彈性，鬆緊務必適中；不應該讓你的同事看出來你穿的是四角褲還是三角褲。

法蘭絨／羊毛／厚重布料
細節：稍微有點硬挺，緊湊一點的布料。
反摺：法蘭絨／羊毛／厚重布料／反摺。
分隔線（break）：在足踝上方稍微分隔，可讓長褲的垂墜感更好。

棉／精紡羊毛／較薄布料
細節：較輕薄、線條較簡潔。
無反摺：前面無摺／燕尾服／輕薄布料。
分隔線：不明顯的分隔線，以保持較簡潔的線條，與較長的長度。

重點分析

Casual Pants 休閒褲

在你不需要穿著正式長褲時，再也沒有比斜紋棉褲或卡其長褲還實穿的褲子了。（兩者名稱雖然不同，其實是相同的東西。）不論卡其色或深咖啡色（沒錯，卡其褲的顏色可以是卡其以外的其他色彩），不論厚薄，斜紋棉褲是各種場合的最佳夥伴。不過，不要因為它們比較休閒，就顯得不夠俐落。不要穿有許多口袋或鈕釦的長褲（如多口袋褲的工人褲），同時請你隨時留意褲管要整燙出一條摺痕，如此一來，即使是最休閒的長褲，都會顯得正式不少。

卡其褲

本來是工作褲，卻是上班族夏天週五的傳統「休閒」穿著。Dockers（Levi's 旗下之休閒服品牌）將此種職場穿著文化轉換成矽谷新「淘金客」的衣著首選。時至今日，卡其褲仍然實穿，不過關鍵在於必須好好整燙，要顯得俐落──別忘了它們源自注重儀容的軍人世界。

窄紋

寬紋

褲腳反摺
褲腳的反摺應該有多寬？1.5吋最
理想，不過從1.25到1.75英吋，都
在可接受的範圍之內。

燈芯絨
有人認為燈芯絨是窮人的絲絨，有
的則認為它是「王者的布料」（是它
字面上的意義）。顯然並非所有人都
適合燈芯絨。它比較適合天氣寒冷
的地區、屬於美國東岸風格，
寬紋燈芯絨比窄紋燈芯絨褲更適合
上班穿著。同樣的，隨時保持筆直
燙痕。

Shirt & Tie Wardrobe

襯衫與領帶的衣櫃

在你開始累積自己的襯衫時,變化非常重要。不同的布料、領型,以及款式能讓最基本的襯衫(白色與藍色)顯得異常獨特。此外,在你添購有圖案的襯衫時,務必能夠跟你的外套與領帶搭配。

襯衫&領帶 扣領型
Button-Down

領帶：小圓點

領帶：同色系

這個名稱是指有鈕釦可以將領子固定在襯衫上的領型，這是一種保守的表達方式。如果你再多一點長春藤名校款式（Ivy League，出自美國西北部八大長春藤名校之自然墊肩、單排釦之西裝外套款式）的味道，身上就會長出長春藤了。雖然扣領型襯衫（白色或藍色）永垂不朽，卻是正式襯衫中最休閒的款式。因此，最好跟獵裝外套搭配，而非搭配西裝，同時也是旅行時的最佳襯衫，因為即使皺了，也不明顯。

襯衫&領帶 平領型
Spread Collar

領帶：小圖案

領帶：稜紋

曾經被視為歐洲款式的平領型襯衫，現在卻已經成為美國的主流。由細棉布做成的平領型襯衫，讓西裝與領帶增添不少光彩。這種襯衫款式最適合窄臉型的男人，因為它有擴大的效果。

襯衫&領帶 尖領型
Point Collar

領帶：小圓點

領帶：方格織紋

深藍色的法國藍襯衫也源自歐洲，其領型也可以是平領。學著穿藍襯衫——這種襯衫搭配深藍色西裝與深藍色領帶，特別帥氣。

襯衫&領帶 牛津布

Oxford Cloth

領帶：梅花圖案

領帶：變形蟲圖案

扣領型牛津布襯衫是學院風的經典打扮。它是大部分男人在擔任業務工作時所穿、搭配入門級領帶的入門級襯衫。牛津布的織法比較粗，顯得比其他棉布還休閒，因此適合做成扣領型襯衫。顏色有藍有白，甚至還有黃色或粉紅色。它顯得輕鬆、友善，而且價格中等，是可以穿著輕鬆、但仍需工作時的最佳服裝。只要再加上一條領帶和獵裝短外套，馬上就變得正式。千萬不要跟正式西裝搭配，或在正式場合穿著。

襯衫&領帶 條紋
Stripes

領帶：人圓點

領帶：稜紋

只有一種顏色、直條紋的襯衫是職場的主流。不過，條紋越寬，穿的人就顯得越搞怪。多色條紋襯衫，也會造成這種結果——只要超過兩種顏色，就會有點過頭。有時候要挑選搭配條紋襯衫的領帶，挑戰頗大。條紋領帶的條紋只要比襯衫條紋還寬，就能搭配得當。圖案的搭配原則也是如此——領帶圖案應該比襯衫條紋還粗大。

襯衫&領帶 色彩
Color

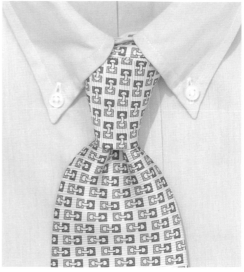

領帶：小圖案

領帶：稜紋

色彩是打破衣櫃裡單調黑白配的最佳方法。現在，粉彩色系——粉紅、黃色、紫色，甚至綠色，都可以毫無顧慮的穿著，它們可以在不招搖的狀況下表達個性。由於這種襯衫本身已經帶來色彩的點綴，領帶就盡量不要過度誇張，以免喧賓奪主，還要小心顏色不要亂搭——比如亮紅色領帶配粉紅色襯衫。

襯衫&領帶 圖案
Pattern

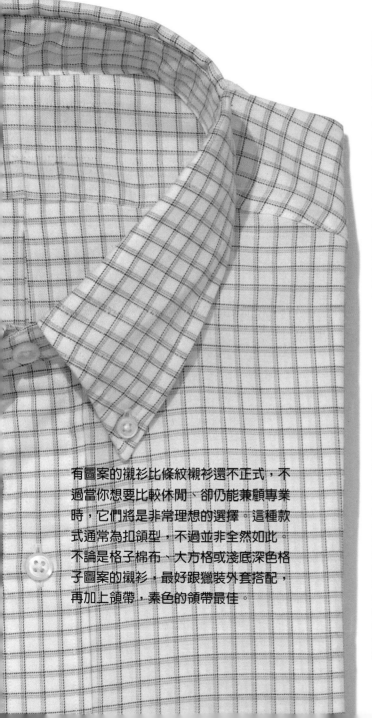

領帶：星點織紋

領帶：小方格圖案

有圖案的襯衫比條紋襯衫還不正式，不過當你想要比較休閒、卻仍能兼顧專業時，它們將是非常理想的選擇。這種款式通常為扣領型，不過並非全然如此。不論是格子棉布、大方格或淺底深色格子圖案的襯衫，最好跟獵裝外套搭配，再加上領帶，素色的領帶最佳。

襯衫&領帶 法式摺袖襯衫
French Cuff

再也沒有比白色法式摺袖的正式襯衫還要正式的了。法式摺袖襯衫跟筒型（或鈕釦型）摺袖不同，需要用到袖釦。領型有直領或平領，跟西裝搭配最好看，不過也可以跟獵裝外套搭配——兩者都適合在跟老闆一起午餐時穿著。

有結但卻精巧
深藍色絲質袖釦結是你第一副袖釦的最佳選擇——簡單優雅（而且不貴），幾乎可以跟所有顏色搭配。

如何使用：袖釦
使用絲質袖釦結時，請由裡而外佩戴。佩戴袖釦時，必須跟袖孔對齊，然後由上而下扣上。或者，找人幫忙。

領帶：小圖案／袖釦：橢圓形銀袖釦

領帶：素色／袖釦：絲質袖釦結

Polos

馬球衫

對於那些可以（或偶爾）穿著休閒服裝上班的人，馬球衫或毛衣是不錯的選擇。隨著休閒星期五的普及，馬球衫已經成為一種新經典。天氣冷時，長袖羊毛馬球衫是理想的選擇（你也可以在裡面加一件白色、深藍色或黑色的T恤）；氣候和暖時，則最好穿較薄、領子較大的平織馬球衫。

智者小叮嚀：
把起毛球的馬球衫留到週末時再穿。把它們穿到辦公室，會讓你顯得過於邋遢。

Sweaters 毛衣

其實只有天氣冷時才需要在辦公室穿毛衣，不過，某些職場可以允許你在不穿外套的狀況下穿毛衣。如果你搭配外套穿的話，請選擇輕薄的美麗諾（merino）羊毛，才不致破壞整體搭配。（即使稍微厚一點的喀什米爾羊毛背心，也是如此。）V領比圓領好，尤其是當你有打領帶時。鐵灰色和深藍色是不錯的入門色，而且，一般而言，毛衣跟獵裝型外套最搭，而非西裝。

黑色V領美麗諾毛衣
白襯衫
變形蟲領帶
上半身兩個素色配一個圖案的組合，最適合灰色法蘭絨褲或黑色西裝長褲。簡單的黑白配因為領帶的顏色與圖案，而顯得突出。

深藍色V領小羊毛背心
格子棉布襯衫
素色藍領帶
這是休閒星期五的盛裝穿法，這種組合讓原本輕鬆的襯衫和毛衣搭配組合，增添畫龍點睛之效（加上領帶）。請留意素色藍領帶跟襯衫的協調性。這種上半身的組合搭配灰色或棕褐色長褲、藍色獵裝短外套時，最好看。

Shoes &

所有的服飾中，鞋子的磨損最大。多買幾雙鞋子，雖然多花錢，卻能穿得更久。輪流穿你的鞋子，可以延長它們的壽命。

咖啡色分趾鑲邊鞋（**brown split-toe lace-up**）
一雙有格調又不會讓你像個花花公子的正式鞋。這些鞋子搭咖啡色與灰色長褲最好看。如果你夠自信，也可以試著搭配藍色西裝。不過，不論你搭什麼，絕對不要搭黑色襪（提醒你：這些鞋款也有黑色的。）

深藍色西裝   **咖啡色鞋子**   **深藍色襪子**

咖啡色長褲   **咖啡色鞋子**   **深藍色／咖啡色襪子**

Socks 鞋與襪

正式襪子的材質應該是羊毛或純棉。搭配時務必小心——黑色與藍色看起來很像，尤其是在早上，而且你可能一腳穿黑色一腳穿藍色去上班，所以在家裡至少先把襪子配成雙。

黑色平底船型鞋（loafer）

平底船型鞋（penny loafer）就跟牛津布襯衫一樣，是一種經典，而且是一種休閒經典。因為平底船型鞋比鑲邊鞋還休閒，所以最好搭配獵裝外套，而非西裝。噢，還有，現在大家從二年級開始，就不再把零錢放在平底鞋裡了（譯註：penny另外一個意義是一分錢硬幣）！

灰色長褲		黑色平底船型鞋		黑色／灰色襪子
	**+**		**=**	

卡其長褲		黑色平底船型鞋		黑色襪子
	**+**		**=**	

Coats

大衣

不要因為你離開辦公室，就可以顯得不專業。（什麼？你從來沒有在街上碰到同事？）在建立你的外出服衣櫃時，有兩個必備單品，而且不論刮風下雨或下雪，兩者都能為你傳遞正確的形象。

軍用大衣（trench coat）

肩章
源自以前士兵的穿著是這款大衣的註冊標記。

防風片
胸部部位有鈕釦

可調式袖口
幫助擋風

腰帶
通常繫緊。手榴彈環則是往日在戰壕穿著時所留下的遺跡。

可拆式內裡
讓大衣在冬天更保暖，夏天則可拆下，變成輕薄外套。

麥金塔風衣（mackintosh）

無肩線連袖
非常寬鬆，讓移動更方便。

四分之三長度
讓這款風衣適合夏天穿，或是當作輕薄軍用大衣的替代品。

雨傘

在你的辦公桌或公事包裡放一把小小的摺疊傘，以備不時之需。至於平日，請準備一把經典、全黑、木質把手的無摺傘。它不但能讓你保持清爽，而且傘下還容得下別人——比如你的老闆。

軍用大衣

這個適合惡劣氣候的主流款式非常實用，可拆式內裡讓它整年都實穿。一件經典的卡其色、單排釦軍用大衣，最適合年輕人穿著；年紀大一點的，就選雙排釦。如果你喜歡雙排釦軍用大衣，就選黑色，因為它能讓你看起來精明幹練，不會變成山姆‧史貝德（Sam Spade，美國知名演員亨佛萊‧鮑嘉《Humphrey Bogart》在電影《黑獄巢梟／The Maltese Falcon》所扮演的個子矮小、面容陰沉之偵探角色）的樣子。

麥金塔風衣

以發明者蘇格蘭化學家查爾斯‧麥金塔（Charles Macintosh）的名字所命名。麥金塔發明在布料上塗橡膠以達到防水效果的流程。麥金塔風衣比傳統的軍用大衣還輕薄，其四分之三的長度，最適合在夏天穿著。

大衣

大衣的款式應該搭配外套。換句話說，單排釦海軍藍或黑色尖角式西裝領的羊毛大衣最理想。雖然離開辦公室，不過配件同樣重要。為了搭配大衣，可以圍一條小羊毛圍巾（海軍藍、鐵灰或紅色），再搭配一副黑色皮手套。

大衣

裡布

人造絲或真絲裡布能讓你移動更自如。

羊毛圍巾

灰色、藍色或帶紅色的小羊毛圍巾能讓你的頸部和胸部保持溫暖。

皮手套

塑造整體感的優雅方式，手套邊緣可用小羊毛鑲邊。

Tools of the

營生工具

公事包 VS. 背包

謝天謝地，此時此刻，你終於不再帶史酷比杜狗（Scooby-Doo，迪士尼卡通人物）便當盒（應該沒有了吧？對不對？）而且現在也該是你放棄背包、改用公事包的時刻了。公事包絕對比較有型，而且更成熟，是你準備認真面對事業的象徵。選擇一個黑色或咖啡色皮質公事包，體積夠大，又不能太笨重。壓力承受點務必有補強的車縫，不要有太多口袋（會縮小可用空間），而且內裡顏色要淺（較方便找東西）。

書寫用品

既然明白筆的威力，最好就帶一枝能造成深刻印象的筆。你絕對不知道什麼時候高階主管會跟你借筆，或者需要在公開場合用筆簽名。為自己準備一枝優質的金屬筆（選擇硬質筆尖，而非如簽字筆般的毛氈粗筆尖），要流利好寫，以免在某個位高權重的人向你借筆時出糗。

紙鈔夾

想要比錢包還輕的東西？考慮用紙鈔夾（材質為銅或銀）。前提是你不會把收據、照片和信用卡也夾在一起──也該清理一下垃圾了──如此會讓你看起來更有效率。

行事曆

精明的上班族會準時出席所有預定的會議。要做到這一點，首先必須有一本行事曆。不論是上面有日期與地址欄的小小皮製手冊，或高科技的PDA，善用你的行事曆，可以讓你不受時間的掌控。

金錢至上

所有別人在你工作場所可能看到的東西，都會影響你的外觀──包括你的錢包在內。畢竟，有可能哪一天你需要付午餐的錢，那時你可不要從你國一就開始用的魔鬼氈尼龍錢包中掏錢出來。所以，就跟腰帶和公事包一樣，請選用黑色或咖啡色皮夾。此外，把錢包放在外套胸前的口袋，才不會變形。

CLOSET

職場衣櫃
work wardrobe

衣櫃

你的冰箱可能塞爆了，你的衣櫥呢？花一點時間想想看你需要的東西為何，以及現有的東西是否能滿足你的事業目標。下面是工作一年與五年後的衣櫃檢查表。這只是一個指導原則，若你能確實遵守，未來應該就能高枕無憂。你的目標是創造一個充滿彈性的職場衣櫥，讓你：同樣一套衣服不會在一週內重複穿兩次，以及不論任何場合，都能穿著得體。

第一年檢查表

2或3套西裝
1或2件獵裝外套
7-10件正式襯衫
3或4條長褲
2雙鞋
5-7條領帶
1個公事包

第五年及之後檢查表

5-8套西裝
4或5件獵裝外套
6-8條長褲
5雙鞋
15-20條領帶
3件毛衣

現在，你的衣櫥裡裝的應該是所有可以讓你在職場出人頭地的衣服──夠穿的西裝、襯衫、領帶、長褲、鞋子，以及幾個四季皆宜、適合所有場合、能夠彰顯你專業能力的配件。而且，因為你懂得精挑細選，所以這些衣服可以讓你穿好幾年。

什麼配得上你？

親愛的傑夫與金：
我剛被升為部門的副總經理，而且必須在西雅圖與洛杉磯間頻繁往返。
我買了一套黑色西裝，卻不知道該如何搭配。我有一件灰色襯衫、一條
黑色領帶，不過我覺得我的鑲邊牛津鞋不太配，有時候我會認為自己好
像要去參加葬禮。

——全身黑

親愛的全身黑：
黑色西裝曾經是流行的前衛打扮，不過現在已經成為主流，更是一種新
的經典。如果你覺得穿鑲邊鞋不太對勁（附帶一提，可以如此搭），那
麼就買一雙質料好的平底船型鞋。黑色西裝搭配法國藍襯衫與一條深色
的圖案或素色領帶，看起來很不錯。你在下班之後或不要求穿著黑色燕
尾服（black tie，意指要求穿著非常正式的場合）的場合，只要一套好
西裝配上解開領子的正式襯衫，就很適當。解讀：除非你是侍者，否則
不要穿燕尾服。黑色西裝、白色襯衫，配上一條銀色或深色領帶（如果
不是黑色），就能在不需燕尾服的協助下，創造出完美的夜晚衣著。

——傑夫與金

Get Better Job 3

權力衣櫃

在電影《華爾街》（*Wall Street*）中扮演高登‧傑柯（Gordon Gekko）的麥克‧道格拉斯（Michael Douglas）不斷稱頌「貪婪萬歲！貪婪將拯救美國！」毫無疑問，這個角色非常喜愛權力，大家心知肚明，而且他還利用服裝來證明這一點。到底是什麼東西，能夠賦予服裝權力的光環？部分原因來自於它與電影等事物在文化上的連結——另外的原因則在於負擔奢侈品的能力。不過，優雅的感覺最終還是來自於能夠代表個人之歷久彌新款式的品味與能力。你也許可以穿的跟電影裡看到的服裝、跟老闆一樣的T恤、或跟企業大老相同的西裝，不過，如果你本人並非如此，那麼你就只是在戴面具而已——以事倍功半的方式來工作。關鍵在於慢慢掌握讓你感覺很好、有自信的東西，如此，你才能開始創造具有個人風格的衣櫃，建立屬於你自己的獨特制服。

穿著登龍術

> 「權力能讓人
> 腐化，不過
> 絕對的權力
> 卻絕對的
> 令人愉悅。」
>
> ——無名氏

這裡誰掌權？

工作幾年之後，你應該正在往上爬，或是已經升官了。如果你正在爭取升遷的途中，就需要改進你過去幾年的服裝。並非這些衣服不再適合職場——看看公司裡所有成功的新進員工，他們現在穿的跟你一樣，不是嗎？——你現在的穿著必須能夠顯現專業權威，具備某種權威力道。

要達到你的目標，需要付出極多的努力，讓你的服裝成為助你更上層樓的工具之一。現在，在你尋求更佳職位之際（不論公司內外），下列這句至理名言，將前所未有的重要：為你想要的工作而穿，而非為你現在已有的工作而穿。換句話說，如果你仍然穿的像個不在乎成就與否的人，就沒有人會把你列入領先者之列。

當然，收發室的小弟不可能因為穿著跟總裁一樣的外套與領帶，就能變成董事長，不過，這也許會讓某個人思索他將來是否適合該職位。同樣的，如果你是個穿的像個收發室小弟的董事長，也許你正在自己頭上蓋了一個玻璃天花板。

無論如何，請記住：你的穿著應該比現有職位高一個層級——不要跳過三或四個層級。只有在不激怒上司的狀況之下，為下一個工作而穿，才有意義。他們不希望你穿的比他們好。

前後一致——避免發出混淆的訊號

　　你的部屬以你馬首是瞻。如果你平日的穿著具有威嚴，就會顯得有自信與自在，就跟那些掌控一切的人一樣。如果你在週五穿的輕鬆一點，可能就是在告訴大家那一天可以輕鬆一點。

　　同樣的，如果你渴望升遷，請注意大好時機隨時會來，所以穿著也必須隨時有備而來。

看起來像個百萬富翁——卻不用花百萬

　　往上爬的好處之一就是能賺更多錢，而且在你賺了更多錢之後，就會發現自己可能花的更多，以改善生活的某些層面——更好的車、換新房了、度更好的假等——這些都是成功的許多報酬之一，所以，你也必須對自己的衣櫃作新的投資。

　　無論如何，變得更成功，並不表示你需要穿著價值兩千美元的西裝（除非你買得起，而且懂得欣賞），也不表示你還能繼續穿兩百美元的西裝。你現在需要學習的是：如何在品質上投資。

手腕上的焦點

反摺過來、用袖釦扣起來的雙層法式翻袖，讓你在手腕處顯現優雅風範。如果你買的襯衫領子與翻袖的顏色和襯衫對比，則翻袖就應該屬於法式翻袖。

袋巾 VS. 手帕

把一條彩色的絲巾放在外套胸前口袋裡，就成為袋巾（pocket square）
——它的流行來來去去，不過，無論如何，它有點難搞。
顏色不要跟你的領帶相同，卻必須是同一色系。
把一條上好的麻質手帕摺起來或塞在你的口袋裡，可能比較不會出錯。
以下是兩種簡單的手帕摺法。

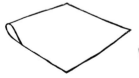

分解動作
三角形摺法

1. 把手帕摺成四分之一的正方形。

2. 把兩邊往中間摺。

3. 把下面的那一半往後摺，變成一半。

4. 放入口袋。

花朵摺法
從手帕中央抓起，讓它自然垂下，用另外一隻手順平，把它弄成花朵的形狀。把中央的底部摺起，整齊的塞入口袋。

質與量

你的錢可以用兩種方法來花：數量與品質。在你尋求更上層樓的事業時，兩者同樣重要。數量讓你有更多的選擇，比如，假設你現在有七套西裝、而非四套，你就有較多的搭配變化，讓你更能輕鬆因應衣服送洗整燙或旅行打包的時刻。數量讓你更有彈性因應不同場合，比方你以前只有一件稍厚的藍色獵裝短外套時，夏天穿著就會顯得不太得當；不過如果現在你有兩件獵裝短外套，一件適合溫暖天氣，另外一件則適合寒冷的氣候時，情況就不同了。

另外一方面，品質的價值就沒有如此明顯。質感好的服裝可能花費更多，卻也是另外一種簡短表達自己地位的方式。較好的服裝往往更快讓人意識到你知道如何自我投資。例如，好的手錶就是許多人的地位象徵，佩戴一支看起來很貴重的手錶，則是在告訴他人你知道的遠比現在幾點還多。切記：手錶只需要看起來貴重即可。換句話說，天美時（Timex，美國知名手錶品牌）在許多場合其實跟勞力士（Rolex）錶一樣稱頭。

如何辨識品質

品質好的衣服另一個好處是用得較久。布料比較耐用，做工比較細，因此通常較容易修補。不妨如此想：你寧願買一輛服務方便但高價的車子，還是一輛修理不易的中價位車子？

品質的標記

價格無法代表品質——把眼睛放亮一點，它的確不是——那麼，什麼才是？品質有許多種形式，知道該注意的重點，你就更會精挑細買、精穿細著！

優質剪裁

西裝的剪裁是否完美，並沒有一定的標準。單排鈕未必優於雙排鈕，外套上有兩顆鈕釦未必比三顆鈕釦沒有價值。更何況，衣服是否好看最終取決於你這個擁有者的眼光。了解最適合自己體型的剪裁款式，是邁向優質剪裁的關鍵。

服裝往往能夠給予我們老天爺沒有賦予我們的東西。如果你肩膀不夠寬，在西裝外套裡加一些墊肩，可以讓你增加一些份量。如果你比自己期待的還矮，一件剪裁流暢、直條紋、有三顆鈕釦的外套，可讓你

顯得高一點。有點中廣？試試看深色、後面無開衩的西裝。重點是，你想要的應該跟你的身分、以及想要展現的樣子有關。

接下來是了解最適合你的設計師品牌與價格為何。有些外套比其他品牌顯得較為方正——較胖的男人最好避免這些款式。肩膀較窄、胸部寬廣的男人應該懂得避開這些。即使你一直很想擁有某個知名設計師的服裝，不過它們卻可能不太適合你的體型和尺寸，所以最好把錢花在更適合你的衣服上面。畢竟，你不會把衣服的標籤穿在外面。

一旦你找出適合自己體型的品牌，它就是你的優質剪裁。再度提醒，它未必適合你的好友、父親或你老弟，不過，優質剪裁只在適合你的時候才是優質剪裁。

優質布料

所有布料的本質都不相同。如果真是如此，你就可以穿著絲質長褲玩觸身式橄欖球（touch football，美式橄欖球的變種，運動員以單手或雙手觸及對方持球人身體代替擒抱或摔倒動作）——祝你的朋友好運——還有打著牛仔布領帶去上班。不過，布料的外表往往不如觸感來得重要。布料的觸感或表面處理所影響的，不只是你穿著由該布料製成的服裝時好看與否，同時也影響你穿上去的感覺。基本上，較厚的布料通常比較耐磨，而品質較好的布料則觸感較好，卻較易磨損。

西裝與外套：你在面試時所穿的第一套西裝應該是精梳羊毛材質（worsted wool，用經過精梳羊毛長纖維紡成的粗而柔軟的毛紗，堅固耐用，常用來做毛衣）。這個當然沒有什麼不好（事實上，它能夠維持筆挺的燙痕），只不過觸感與外表都不如超級100羊毛（Super 100 wool，比精梳羊毛更柔軟、更細緻

的羊毛布料）豪華，而且垂墜感也不如羊毛織紋呢布（crepe，表面具有縱向皺紋的薄平紋織布，手感佳、柔軟且有彈性）。喀什米爾羊毛（Cashmere，印度喀什米爾產的山羊毛）雖然手感非常柔軟，也能保暖，不過用來做西裝，有點過厚。然而，它卻是藍色獵裝短外套或大衣的最佳材質。

襯衫：你買的頭幾件襯衫可能是細棉布或牛津布，兩種棉布的觸感都不錯，卻不如每平方英吋中擁有較高支紗數量的埃及棉（Egyptian cotton）或海島棉（Sea Island cotton）柔軟。一般而言，如果你想要在好一點的布料上多花一點錢，應該考慮從接近身體的布料開始，如襯衫、長褲等。畢竟，絲質領帶也許感覺不錯，卻只有在跟你的襯衫搭配時才會感覺不錯。

領帶：就跟羊毛與棉布一樣，有些絲質布料就是比較柔軟。這些較柔軟的絲質布料就是所謂的「手感」較佳——你可以用自己左手或右手來試試看。由較好的絲質布料做成的領帶往往戴起來比較好看（表示領結看起來較為平整或者中間的摺窩比較對中），卻往往也比較容易起皺，而且更容易被，噢噢，你剛才打翻的湯所污損。

毛衣：說到毛衣，雪特蘭羊毛（Shetland，用質輕鬆軟的雪特蘭羊毛紡成的羊毛布料）就跟棉羊毛一樣，是基本、耐用的羊毛。不過兩者的觸感都沒有美麗諾羊毛、喀什米爾羊毛或絲好（上述所有材質都經常用在毛衣上）。不過，同樣的，即使是這些材質，品質一樣重要（還記得所有布料的本質並非完全相同？）。比較聰明的做法是買一件昂貴的V領美麗諾羊毛衣，而非一件看起來很薄又便宜，卻較為昂貴的喀什米爾毛衣。畢竟，如果

較為便宜的美麗諾羊毛衣比較筆挺又耐穿的話，何必要多花錢買容易變形的喀什米爾毛衣？

鞋子：所有的服飾中，鞋子的磨損最大，所以投資高品質的鞋子有點風險。像哥多華皮（cordovan，由馬臀皮鞋製的皮革）般柔軟的皮革比那些較粗糙的皮革容易有刮痕。一雙好的人造麂皮（suede，模仿動物鹿皮的織物，表面有密集的纖細而柔軟的短絨毛）鞋子可能會因為雨、雪或灰塵而毀損。不過，因為你同時在質與量上投資，衣櫃裡應該有較多雙鞋子，所以在你需要穿著較好的鞋子時，應該能夠從中明智選擇最適合者。

優質做工

一個用腳踢自己打算要買的車子輪胎的男人，顯然對品質一無所知——這跟你看哪裡無關。同樣的道理也適用於服裝。只有當你真正知道該在何處留意品質時，你的錢才真正花得有價值。優質做工往往無法從表面看出，經常藏在微小的細節上，如縫工、裡布與結構。手工製作的單品通常（並非絕對）比機器製作的東西還好，它們的縫工與結構就是比大量生產的東西還牢固。

西裝與外套：有很多地方可以看得出來西裝或獵裝式外套的做工是否優秀。以下是幾個羊要的差異點：有內部結構的外套垂墜度較好，而且較不易變形。你通常可以感受得到肩膀裡面與外套背面的支撐，而且感覺會比沒有內部結構的外套稍重，卻不至於讓你有壓力。有襯裡的口袋較不易變形，事實上，最好不要打開你的外套口袋，不要把鑰匙、零錢，或其他有異味的東西放入其中，否則外套會鼓脹與變形。鈕釦也是另外一種品質的標記。好

的外套鈕釦材質應該是非常堅硬的塑膠，甚至是牛角的材質。真正好的外套，袖子上的鈕釦應該真的可以用，而且西裝領尖角上的釦孔也是真的。至於長褲，真正做工好的長褲在腰部應該有幾顆可以扣住背帶的鈕釦。

襯衫：這裡你該注意的是縫工。做工好的襯衫在釦條（placket，襯衫前面扣鈕釦的部位）兩邊、領軛（yoke）與肩膀處應該都有細緻的縫工。釦條上最好每平方英吋縫上

14針。領子也應該加以留意——這或許是襯衫最關鍵的地方，結構好的領子比較不容易變形。再度提醒，鈕釦是做工是否優良的象徵。珠母貝（mother-of-pearl）鈕釦是最好的，如果沒有，至少要用質料好、又不會斷裂的堅固塑膠釦。

領帶：做工好的領帶會有延伸到兩端的襯裡（通常是亞麻布或羊毛），以免領帶在多次使用後變形。好的領帶背面邊緣也應該有手工縫線。最後，留意領帶寬的那一

邊裡面是否有一個環圈，讓你在打好領帶時，可以把窄的一邊塞進去。如此一來，領帶較不易變形，你也不需要把領帶塞到標籤裡面。

鞋子：鞋子所受的折磨最嚴重，購買時必須謹慎，不要買到半路會開花的鞋子。鞋子表皮必須光滑，才不致斷裂。鞋底最好是皮革，而且稍微鞣製、有點彈性。做工好的皮鞋上面應該有車縫線，不應該是用黏的，如果你看不出來，就請教售貨員。

全溫莎結（**Full Windsor**）

全溫莎結是一種超大的領帶結，但卻錯誤的歸諸於溫莎公爵。溫莎公爵不但不是這個結的發明者，他自己也不打這種結，反而喜歡用非常厚的領帶打四步活結。全溫莎結實在太大，幾乎沒有人打（包括它的名字來源之處，不是個好現象）。不過，現在就告訴你這個經典領帶結的秘訣。如果你想要試試看這種打法，務必搭配又寬又平的英國領（English collar）襯衫，而且只有在受邀參加皇室婚禮的時候才打。

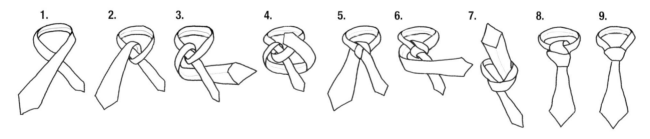

步驟分解

1. 右手拿起領帶寬的一邊，放在窄的一邊上面。
2. 寬的一邊由下往上繞過窄的一邊。
3. 繞過結，再穿過已經形成的環，往身體的下方拉。
4. 寬的一邊現在在右邊，反面朝上。
5. 把寬的一邊繞過半結。
6. 把領帶厚的一邊由下往上繞到結的背面，再穿過頸部的環。
7. 小心的把寬的一邊底部穿過完成一半的結。
8. 接下來，把寬的一邊尖端放在結的外層。
9. 拉緊寬的一邊，小心調整結的位置，再輕輕把窄的一邊拉好。

手工縫線

在壓力點特別補強貼身處（領口、袖子），在頸部背後的領子下面以及臂孔周圍裡面的縫線，應該明顯可見。每英吋上的縫線越多，表示剪裁品質越好。

翻領

應該完美的平整服貼，沒有鼓起。

口袋

用棉布襯裡。

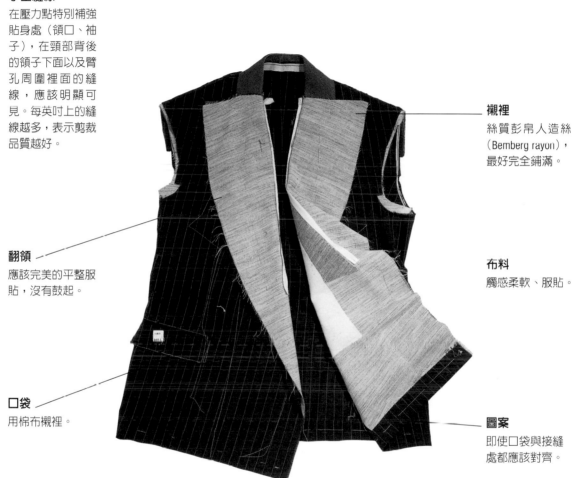

襯裡

絲質彭帛人造絲（Bemberg rayon），最好完全鋪滿。

布料

觸感柔軟、服貼。

圖案

即使口袋與接縫處都應該對齊。

衣服上的熱熔帆布膠片

品質較差的西裝（大部分為成衣）為了成型，往往透過熔接或熱熔的方式，接合布料，結果往往容易造成表面皺縮。如果你用拇指與食指揉搓外套翻領，如果感覺到硬硬的一片時，表示裡面用了一片「熱熔帆布膠片」。

肩膀

柔軟的西裝外套肩膀部位只有一點點的墊肩，以營造出輕鬆的下滑線條──讓穿著者不必刻意搭配成套的長褲（只要有穿長褲即可）。

鈕釦孔

鈕釦周圍不規則的縫線，令人驚訝的是，反而是手工縫製的品質標記。

內部口袋

有些西裝並沒有完整的裡布，因此內部口袋較少，不過至少應該有一個可以放筆和錢包的口袋。

接縫

沒有裡布的無襯墊外套的接縫處邊緣應該平整，沒有凹凸不平。這種款式若為雙面布料，就不需要有襯裡。

袖子

形狀固定，平整無皺摺，稍微往前垂墜，由肩膀往邊緣逐漸變窄；不會太緊，也不會太鬆。即使外套沒有襯裡，袖子還是需要襯上質料好的真絲或人造絲裡布，以方便行動。

外部口袋

對布料比較柔軟的西裝而言，口袋往往是一種貼布的變化──比較運動型的口袋以前只見於運動型大衣上。

單針縫（single-needle stitching）

用單針小心對齊的一次縫一件衣服的一面縫法，是機器縫紉法中最花成本與時間的做法。比較快、便宜的做法則是用雙針縫，一次縫完衣服的兩面，因此較可能造成表面的皺摺。

手工縫線

在重要貼身壓力點（領子、袖子）上，應該可以在頸部背後的領子下方與臂孔內周圍看到縫針。縫針越密，表示手工縫製的品質越好。

合身度

袖子部位應該有足夠的蓬鬆度，翻袖接縫處的布料應該有抓摺，而非束口。

釦條

縫有襯衫鈕釦的釦條上每英吋若縫有14針，為品質的象徵，縫針若少於11針則表示品質較差。

鈕釦

交叉縫針，而且材質為珠母貝。

下擺

長度應該介於兩腿之間。

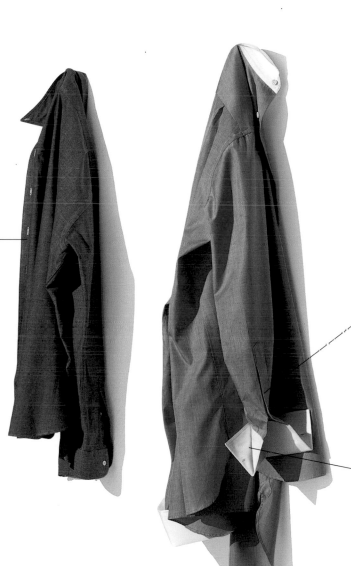

分肩領軛

沿著襯衫後面領軛而下的垂直接縫。

領子

沿著邊緣工整的縫線。

臂套釦（gauntlet button）

袖子開口、翻袖上方的一種過時鈕釦。

法式翻袖

必須搭配法式袖釦使用。

1. 口袋細部

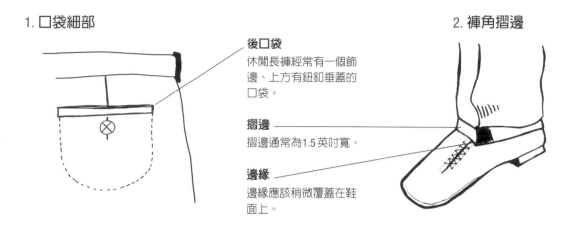

後口袋
休閒長褲經常有一個飾邊、上方有鈕釦垂蓋的口袋。

摺邊
摺邊通常為1.5英吋寬。

邊緣
邊緣應該稍微覆蓋在鞋面上。

2. 褲角摺邊

長褲的腰身與褲管

腰身（rise）：從褲襠量到褲腰頂端，所得數據通常反映該人的身高（短、中、長）。
褲管內縫（inseam）：從褲襠底部量到褲腳摺邊底部。
褲管外縫（outseam）：從褲腰頂部量到褲腳摺邊底部。
胸腰差（drop）：胸圍與腰圍的距離。

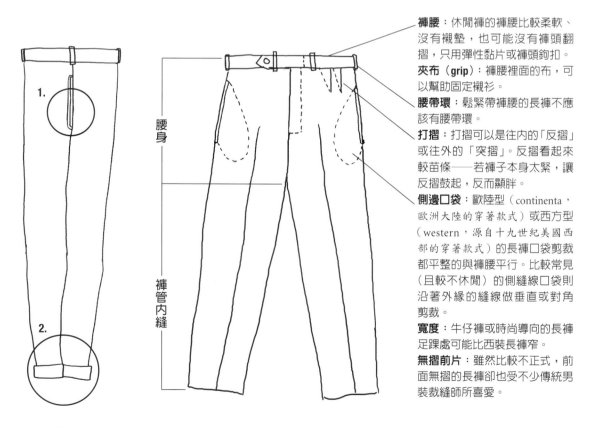

褲腰：休閒褲的褲腰比較柔軟、沒有襯墊，也可能沒有褲頭翻摺，只用彈性黏片或褲頭鉤扣。

夾布（grip）：褲腰裡面的布，可以幫助固定襯衫。

腰帶環：鬆緊帶褲腰的長褲不應該有腰帶環。

打摺：打摺可以是往內的「反摺」或往外的「突摺」。反摺看起來較苗條——若褲子本身太緊，讓反摺鼓起，反而顯胖。

側邊口袋：歐陸型（continenta，歐洲大陸的穿著款式）或西方型（western，源自十九世紀美國西部的穿著款式）的長褲口袋剪裁都平整的與褲腰平行。比較常見（且較不休閒）的側縫線口袋則沿著外緣的縫線做垂直或對角剪裁。

寬度：牛仔褲或時尚導向的長褲足踝處可能比西裝褲窄。

無摺前片：雖然比較不正式，前面無摺的長褲卻也受不少傳統男裝裁縫師所喜愛。

側面　　　　　　　　正面

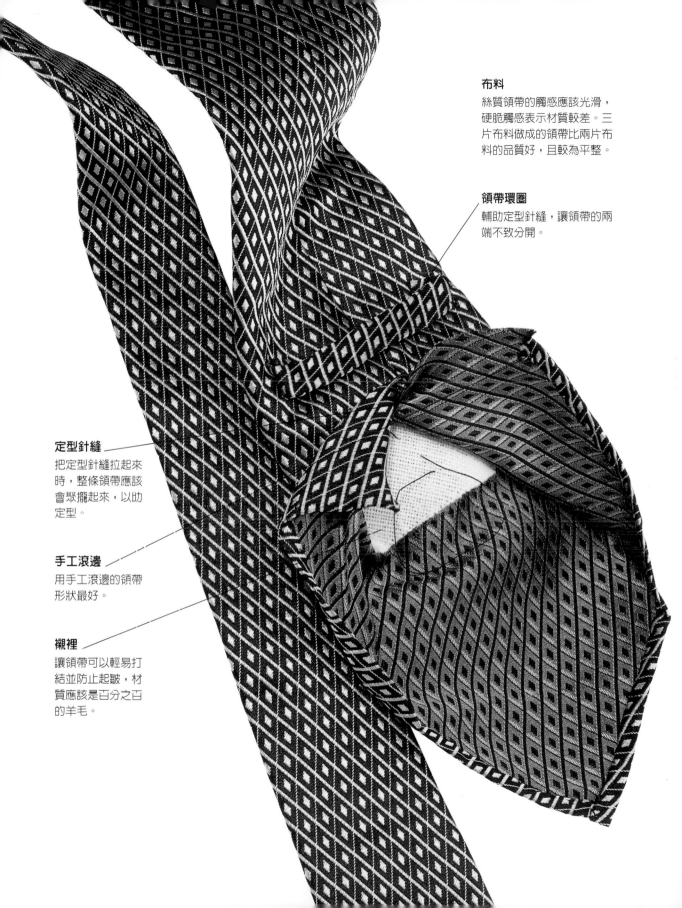

布料

絲質領帶的觸感應該光滑，硬脆觸感表示材質較差。三片布料做成的領帶比兩片布料的品質好，且較為平整。

領帶環圈

輔助定型針縫，讓領帶的兩端不致分開。

定型針縫

把定型針縫拉起來時，整條領帶應該會聚攏起來，以助定型。

手工滾邊

用手工滾邊的領帶形狀最好。

襯裡

讓領帶可以輕易打結並防止起皺，材質應該是百分之百的羊毛。

穿出自信
──認真看待穿衣這回事

好好抓緊

對於那些肚子太大無法繫腰帶、卻仍想要有點品味的男人而言，吊帶就是最好的選擇。使用吊帶時，長褲的褲腰前方必須縫有四個鈕釦，後方則有兩個。至於領帶的選擇，由於吊帶上已經非常明顯，因此領帶最好選擇條紋或小圖案，而且不能太奇怪。

權勢者的面貌

　　現在你已經明白品質如何傳遞權威感，那麼，你該如何透過穿著來展現權威呢？一個基本的原則是：穿著愈正式，就顯得愈有權勢。比如，一套藍色細條紋西裝，配一件白色法式翻袖襯衫與一條絲質領帶。鞋子可以是黑色哥多華皮做成的橫飾牛津鞋，腰帶則是黑色鱷魚皮。最後，為了增添畫龍點睛的效果，可以再加上一條白色袋巾，最終呈現出來的結果就是一個穿著經典企業盔甲、看起來無懈可擊的男人。

權勢者的調色盤

　　顏色是另外一個傳達權勢的途徑。就西裝而言，你應該選擇深色、令人敬畏的款式，所以藍色、灰色與黑色是權勢者調色盤上的首選。白色仍然是最正式的西裝襯衫顏色，不過大膽的圖案與顏色往往是你擁有權勢的標誌。彩色條紋與大方格往往是地位的象徵，粉紅、橘色與綠色等亮淺色，也具備同樣的意義。但是，紫色可能是當今權勢者調色盤中的主角。紫色在千年以前是皇室的象徵，近幾年也逐漸出現在襯衫與領帶的用色上。

為目標而穿

未必跟專屬辦公室有關

　　並非所有人都想當第一名，也不是所有人都想成為大海裡最大的那條魚。有些人甚至不想成為最小的湖泊裡的大水虎魚（piranha，原產於南美的淡水魚，有時結群咬死人與動物）。這些人很幸運。他們上班時，只要有的穿、能夠顯現他們屬於團體的一員即可。只要他們繼續保有這份工作，穿著得體、受人尊重，這些人就能暢行無阻，只不過走不了多遠。

　　至於剩下來的人，靠穿著來領先群倫，不過是大計畫中的一個小環節——只不過是非常需要謀略的環節。這些人想要賺更多錢，得到更尊貴的地位，也有些人只是想要更有權勢。不論你的目標為何，都需要努力工作、懷抱熱情，而且，沒錯，還有一個能夠隨時為你加班的衣櫥。

人變、目標跟著變

　　你超時工作、穿著也符合企業文化，而且已經走到自己期待以外的地方。事實上，走得有點太遠了。你不再有時間給朋友與家人，趕不上週末播放的球賽，你累了。這種悔不當初（be-careful-what-you-wish-for）的局面就跟與其相反的失敗者下場一樣普遍。失敗者的場景是：

3. **Get Better Job** 更上層樓

從一開始就野心勃勃，不過你所有的努力都沒受到肯定。該是離開這個單調乏味的工作，認清楚夢想已經離你而去的時候了嗎？

當目標變了——而且幾乎每個人在職業生涯中都會面臨至少一次——就有必要重新評估對自己重要的事物為何。一旦你如此做，想想看穿西裝、打領帶，真的是你餘生想要過的生活嗎？或者，可能剛好相反，你終於明白該是穿得像個大人的時候了？你的形象是否需要重新評估呢？

權威形象

如何讓你看起來更……

專業：現在，你該知道如何讓自己看起來更專業的基本守則；為了讓你更清楚，看起來更專業的意思就是符合貴公司或貴產業的服裝標準。不論標準為何，所謂看起來更專業幾乎就等於是穿得比你目前職位還高一個層級：從工作休閒型到工作得體型、以及從工作得體型到企業型。

值得信賴：以總統候選人為例，當他們想要表示自己跟老百姓一樣是個股實可靠的小市民時，就會穿藍色西裝、白色襯衫與紅色領帶。有沒有想過為何我們會建議你在第一次求職面試時如此穿？相信我們。

無拘無束形象

權威感：如果你想要看起來像自己所穿的西裝一樣，就好好看一下你的上司。他們穿什麼？細條紋？雙排釦西裝？法式翻袖襯衫？記住，管理階層看起來總是比較僵硬，有一點過於得體，所以不要做過頭。

有創意：在出版、廣告、媒體等創意領域中，穿著規範非常的寬鬆（除非你的工作必須經常面對鏡頭）。所以，如何在別人期待你發揮創意的時候，顯得有創意？好吧，黑色總是能讓你安全過關。一套黑色的西裝、一件黑色的毛衣，加一件白色的襯衫與黑色的鞋子。如此打扮是在昭告世人：你可以顯得專業卻有個性。

無拘無束：每個人都想做自己，看起來無拘無束，就是做自己的一部分，關鍵就在於找到一個不危害自己專業形象的穿著模式。穿牛仔褲去上班，並非好做法。不過，總是繫一條牛仔腰帶，卻可能是個不錯的方法。沒錯，這個有點奇怪，不過如果你可以忍受一點批評，很快就會變成你的註冊商標。以下是展現自己無拘無束風格的類似做法：領結、

友善形象

富有形象

方格襯衫、高領衫、繡有字母的襯衫、牛仔靴、皮夾克等。不論你用哪種方式來表現自己的無拘無束——花花公子或不修邊幅、波希米亞風或學院風，重點是：必須先顯得專業。

友善：如果你的形象有點冷漠，就有必要溫暖一點。沒有人想要跟看起來拒人千里的人（他到底在隱瞞什麼事？）或高高在上的人共事——尤其是當你知道事實並非如此時。所以，如何讓自己顯得較友善？你必須了解自己的群眾。如果你是一個想要對藍領階級示好的白領階級，就請穿扣領式牛津布襯衫、打領帶，不要穿外套，袖子捲起來，如此就能讓你看起來像他們的一份子。如果你會給女人帶來威脅感，領結總是能解除大部分男人的武裝——可能是因為領結是最沒有性別區隔的東西了。你可以在辦公室輕鬆一下？不妨採用工作得體型的穿著規範。穿一件獵裝外套和襯衫，不要打領帶，就會顯得和藹可親。鮮亮的顏色也非常有幫助，鮮豔的領帶會顯得有精神，深色則會顯得死氣沉沉。喔，還有，要你偶爾微笑一下，會不會少一塊肉？

井然有序：如果你的外表整齊乾淨——包括你的桌子與辦公室——大家會假設你是個井然有序的人。如果這表示你必須把所有垃圾掃到桌子抽屜裡，就如此做！沒有人會知道你裡面是什麼樣了。至於服裝，有點吹毛求疵沒什麼不好。褲子永遠筆挺、鞋子永遠擦得亮晶晶、襯衫永遠平整、領帶的結永遠拉好，還有把你手錶的時間調快五分鐘。

富有：說來悲哀，不過卻是事實，有些人的確會由外表來判斷別人。如果你想要讓自己看起來身價非凡，有兩個地方是你絕對需要大大的投資——鞋子與手錶。鞋子不能省，不過你不必買一雙一千美元的，兩百美元就夠了。至於手錶，一百美元左右的手錶，就能讓你顯得頗有身價了。現在，如Timex、Swatch、Fossil等手錶大廠的商品做工之精美，就足以讓你拿來唬人了。

你個人的衣著密碼

為自己而穿

紳士的繡名襯衫

不論你的襯衫是訂製或買現成的，在上面繡上你的名字，是彰顯個人地位與風格的好方法。有兩個部位適合繡名字：左胸（口袋上；若無口袋者，也選擇此處）或者你的袖口。最多只用三個字母，而且適合所有設計。名字刺繡就能夠突顯你的個人風格了。

開始工作之後，你必定有許多必須遵循的規則——應該認識誰、行為舉止該如何、該穿什麼，不過，經過一段時間之後，你開始制定自己的規則。當然，你還是得在專業的框架之內運作，而且繼續參與賽局，不過偶爾，你可以（而且應該）找到自己的做法。所以，就穿衣這件事情而言，你可以精穿細著、照書穿、永遠如此，不過，如此一來，你將絕對沒有辦法真正成為可以掌握自我的人。

個人風格——獨特性的標記

多年來，也許你買了不少完美的服裝，不過你仍得知道該如何搭配這些衣服。如何搭、怎麼穿，都會左右你的個人風格。你是不是有點學院風？你的穿著是否帶點都會風？波希米亞風？或者你還在尋找自己的獨特面貌？

襯衫與領帶也許是表達你個人特色的最佳方法。它們最能讓男人展現自我的無限可能。你可以大膽、怪誕或樸實，只要你喜歡，都可以。配件則是另一個可讓男人展現獨特風格的地方。因為我們不怎麼戴珠寶，基本上男人只有袖釦、筆、皮帶、鞋子等地方能夠展現個性。

象徵地位的領帶

在80年代，愛瑪仕（Hermes）領帶是權勢的象徵。它那小小、有趣的騎馬者、動物圖案與鮮豔的色彩，都是法國豪奢生活的象徵。當然，愛瑪仕領帶在現今仍然是一種地位象徵，卻不是唯一。Gucci、Chanel等其他奢侈品牌，甚至布魯克斯兄弟（Brooks Brothers，*美國知名的男裝品牌*）都開始推出類似品味的領帶。

制服與否

制服是表達個人獨特性的最佳方法。當然，不是要你穿著真正的制服（除非你是餐廳侍者或飯店門房），而是要你發展出有特色的面貌，讓它成為你的個人制服。方法可以簡單到經常穿藍色西裝——準備六到七套——每天都搭配藍色襯衫和領帶，即使如此單一色系的穿法，也能塑造你的個人風格。

制服可以簡明扼要的陳述個性，因為一旦你找到和自己最能搭配的服裝後，就會想要繼續維持。如果你穿三顆鈕釦的黑色西裝配白襯衫最好看，就繼續如此穿。

簡單的調色盤

就跟穿著專業的制服能夠展現你的個性一樣，有個人色彩的顏色，也有如此功能。一般而言，最好選擇基本色與中性色，如深藍色、黑色、灰色、棕褐色等，這些都是安全的顏色，每個人穿起來都很好看，而且跟所有東西都很搭。出差時帶這些衣服，必定能大幅減輕打包的困擾。

職場急救包：辦公室

你每天都穿的小心翼翼，你是眾人注目的焦點，領帶總是打出漂亮的摺窩、長褲的長短恰到好處，這也是為何昨天下午當你剛參加完女兒學校的足球比賽，穿著有點髒的獵裝外套回到辦公室時，你的老闆會找你，需要你去跟重要的新客戶見個面的原因。解救之道：在辦公室放一個急救包，讓你隨時可以像超人般變身。

- ❏ 厚薄適中、全年皆可穿、實用的深藍色羊毛獵裝短外套
- ❏ 白色棉質尖領襯衫（比扣領式襯衫更容易在最後一分鐘變成正式襯衫）
- ❏ 一條純灰色精梳羊毛長褲
- ❏ 深色素面領帶或黑色針織領帶

- ❏ 黑色皮帶
- ❏ 深色羊毛或棉襪
- ❏ 黑色鞋子：有皮革鞋底的牛津鞋或款式簡單的船型鞋
- ❏ 刮鬍工具與牙刷
- ❏ 拋棄式擦鞋布

Power
Wardrobe

初入職場時，你穿著得體以展現對工作的尊重。不過，此時你想要的是別人對你的尊重，而達到這個目標的第一步就是穿出權威感。當你想要在職場獲取權力時（你得自己贏取），融入環境顯然已經不夠用，重要的是如何讓自己顯得比原有職位與聲望還高。現在，工作多年的你已經擁有足夠的本錢，可以投資在有益你地位的適當服裝上。本章將展示適合權貴人士的西裝、襯衫、領帶與配件。權勢衣櫃的配備不僅是服裝的數量——雖然在你職業生涯的這個階段，衣服越多，當然是越好，不過，品質才是你必須留意的重點。更精細的材質、更好的做工，才是讓你在這群權貴中鶴立雞群的重要條件。當你真的取得某種程度的權勢之後，權勢服裝將成為次要，重要的是，你的個人風格。

「定義環境的權力，
才是最終的權力。」

——傑瑞・魯賓（Jerry Rubin）

《37歲轉大人》（Growing (Up) at Thirty-Seven）

Navy
Wool Crepe

海軍式羊毛織紋呢西裝

（此處的 navy suit 指的是仿海軍制服式樣的西裝款式，
而前文的 navy suit 則是指深藍色西裝）

海軍式羊毛織紋呢西裝跟面試時所穿的深藍色西裝不同，
其表面有織紋，有些微突起的觸感。羊毛織紋呢的捻紗比
大部分西裝的材質──精梳羊毛──細密，所以較不易
皺，因此是旅行的良伴。不論搭機或打包，都不必擔心會
變皺。這一套海軍款羊毛織紋呢西裝，就跟最初的面試西
裝一樣，幾乎可以搭配所有的襯衫與領帶，是萬無一失的
首選。

Gray Bird's-Eye

灰色鳥眼紋西裝

這個圖案的名稱源自看起來像灰色，但實際為細小的黑白織紋設計。鳥眼紋有許多織紋，讓灰色精梳羊毛西裝增添不少變化。請記住：雖然它遠看像素色，不過細看之下，卻是非常細微的圖案，因此，不要搭配小圖案的襯衫和領帶。

Single-Breasted Pinstripe

單排釦條紋西裝

這套西裝雖然不如雙排釦般風流倜儻，卻是同樣正式。條紋是此處的重點，因為它是權力的代表，也是最顯瘦的設計——直條紋會產生高度變高、寬度變窄的錯覺。選擇搭配的襯衫時，請留意兩者的條紋不要打架。不妨使用袋巾或手帕，可以增添豐富感。

Tan
Gabardine

淺褐色軋別丁斜紋西裝

把這一套當作氣候和暖時的深藍色西裝。如果你住在氣候寒冷的城市，這一套是春夏的最佳西裝。在比較溫暖的地區，這一套則適合全年穿著。與這套西裝搭配的襯衫與領帶顏色務必要淺，白色或淺藍色襯衫絕對不會錯，淺粉色系的襯衫也不錯。至於領帶，你可以選比襯衫深一點的顏色，不過，一般而言，深藍色或深綠色最為保險。

Double-Breasted Pinstripe

雙排釦條紋西裝

這個經典的款式與圖案讓你可以穿著這套西裝上銀行、找律師，或參加重要的會議。西裝外套左邊扣在右邊上面的雙排釦西裝比單排釦西裝更有架式，讓人印象更深刻。（它也是四〇年代流氓的制式服裝。）許多男人會被它的大西裝領嚇到，不過只要你的胸膛大到看起來可以停上一架 F14 戰機，這種翻領其實沒什麼好怕，畢竟，這是展現權勢的經典西裝款式。

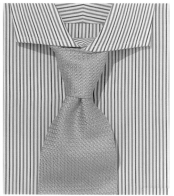

Attention to Detail

留意細節

好吧，就算你絕不可能成為服裝設計師，仍然會希望自己的服裝看起來有點樣子——能夠突顯你挺拔胸膛的襯衫、特別硬挺的領子——現在，你有能力要求別人為你量身訂製了！

量身訂製

訂製襯衫毫無疑問的是一種奢侈，卻是彰顯自己獨特性的最佳方法。基本上，從剛開始的量身（裁縫所量的部位絕對超過你的認知）到最後的成品，一件訂製襯衫通常需要耗費數週才能完成。雖然一件的價格可能由75美元到數百美元不等，品質卻都相當完美。此外，圖案與材質（通常是海島棉或埃及棉）也比大量製作的襯衫優質。

內扣領

如果你想要比較優雅的扣領襯衫，不妨試試隱藏的內扣領。

訂製襯衫

訂製襯衫的領子和釦條周圍有專家的手工縫線。每英吋至少須有14針或更多的縫針。

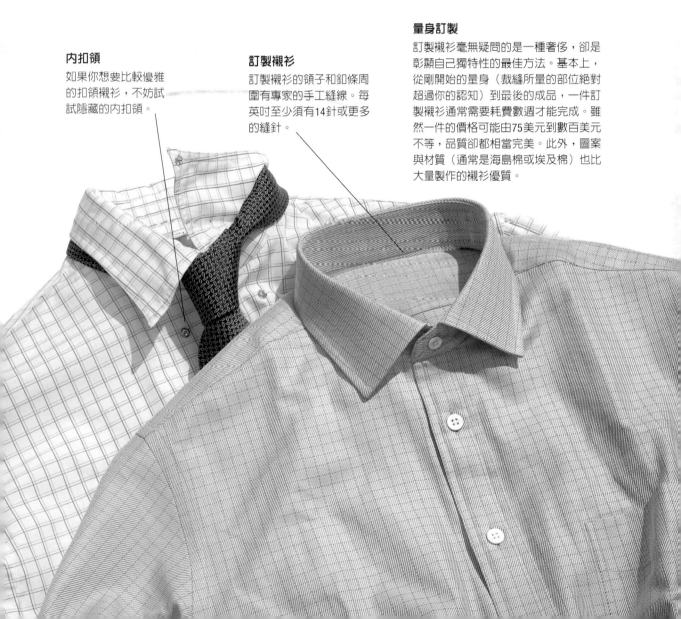

Blazers...

藍色獵裝式短外套就跟白襯衫、卡其褲與牛仔褲一樣，對男人而言，是不是永遠不嫌多？也許。不過，重點是：獵裝短外套搭配性超強，非常實穿，以至於在一段時間之後，你會覺得有必要多買一件。如何選擇第二件外套？完全視你的需要而定：你想要一件夏天可以穿的麻質獵裝短外套？還是冬天可以穿的喀什米爾羊毛獵裝短外套？除了單排釦之外，要不要考慮一下雙排釦？

雙釦式

雙釦式、單排釦外套因為甘迺迪總統而知名，向來都是美國人的最愛。因為它前面瘦長的V字區，可以展露更多的襯衫，有拉長身型的效果，因此適合大部分人的體型。

雙排釦式

傳統上，雙排釦獵裝短外套的顏色為深藍色，上面有六顆金屬鈕釦，不過事實上卻只有兩顆真正有功能。開邊衩、兩個有蓋口袋、一個胸部口袋，以及尖角西裝領等，則是更進一步的細節。在職場上，金屬釦可能會顯得過於休閒，因此可以替換為牛角釦。

三釦式

三釦式外套屬於比較時尚的款式。大部分設計師的作品都只扣上面的兩顆釦子，不過，有些男人喜愛比較經典的扣法：將西裝領下摺到第二顆釦子處，第一顆釦子則不扣、且隱藏在西裝領後面。

雙釦式
精梳羊毛

a Wardrobe of Basics

雙排釦式
駝絲錦法蘭絨（doe-skin flannel）

三釦式
麻

Shirt & Tie

襯衫&領帶的搭配

Combinations

1

2

3

當你花在襯衫與領帶上的錢越來越多之際，搭配性變得非常必要。如果一條價值一百美元的領帶只能搭配一件襯衫與一套西裝時，何必買？所以在擴充你的衣櫃內容之際，好好想想與現有衣物的搭配性。素色領帶特別實搭，因為即使圖案最大膽的襯衫（當然必須假設領帶顏色與襯衫圖案的某一個顏色相同），都能搭配。一般而言，你的領帶顏色應該跟襯衫或外套的顏色有關聯。

1. 大方格平領襯衫與條紋針織領帶　2. 方格紋襯衫與深藍色領帶　3. 多條紋襯衫與海軍藍素色織紋領帶　4. 薰衣草牛津布襯衫與小方格紋領帶　5. 藍色人字紋襯衫與稜紋領帶　6. 白領多條紋圖案襯衫與同色調圖案領帶　7. 黑色襯衫不打領帶

Power

權勢休閒風

「權勢休閒風」（power casual）聽起來有點互相矛盾，不過此種搭配組合的確能傳達放鬆卻不容置疑的權威感。在這個階段的休閒感需要絕對的質感：不論多麼休閒運動風，都需要最好的布料、精緻的剪裁、以及可以彰顯成功的配件。

皮革獵裝短外套：新經典

某些行業（而且往往是比較有創意的行業，如廣告、建築與設計）認為皮革獵裝外套可以取代傳統的獵裝式外套。不論是黑色或深咖啡色，都能展現都會優雅的感覺。不過，千萬不要因為皮衣比羊毛外套顯得休閒，就因此不注重修飾。請搭配質料好的羊毛長褲與正式襯衫、高領衫或馬球衫。如果外套是黑色，搭配的服裝就應該是黑色、白色或灰色。如果是咖啡色外套，搭配大地色系或深綠色，就會顯得非常優雅。

Casual

喀什米爾與羊毛材質的休閒外套
如果你偏愛正式的西裝，卻必須出現在
休閒場合時，這就是你的最佳選擇。

休閒
Summer

休閒 夏季

夏天最適合休閒的穿著。如果你的工作環境比較保守，千萬不要錯過了七月的休閒外套。選擇顏色較淺、質料較輕的羊毛或絲麻混紡材質，長褲也請選擇棉麻混紡或輕薄的羊毛。領帶能讓休閒面貌顯得有精神，左圖這條粗線條、圖案大膽的方格領帶因為豪華的純絲材質，質感頓時提升不少。

風格元素

- 同色調大方格麻質休閒外套
- 藍色平領棉質襯衫
- 顏色對比的大方格純絲領帶
- 淺褐色麻質長褲
- 中灰色精梳羊毛長褲

Winter

如果你希望展現奢華感，喀什米爾羊毛是首選──不論是跟一般羊毛混紡而成的休閒外套，或是具備保暖功能的毛衣皆可。超級100羊毛也是長褲與外套的優質選擇，而且非常適合旅行，因為這種布料非常輕薄，幾乎不會產生任何皺摺。寬條燈芯絨長褲雖然比較休閒，不過由於表面織紋明顯，只要搭配休閒外套與領帶，馬上就可以變得正式。

風格元素

- 同色調斜紋布窗格紋休閒外套
- 孟加拉條紋（Bengal stripe）扣領式襯衫
- 反差織紋真絲領帶
- 鐵灰色喀什米爾V領毛衣
- 鐵灰色無摺精梳羊毛長褲
- 奶油色燈芯絨棉質長褲

休閒
Corporate

這表示是注重品質的休閒，最好留意特殊的細節與特優的材質——優質的合身剪裁、有摺羊毛長褲、優雅的法式翻袖厚棉格襯衫，以及用超級100支羊毛織成、有零錢袋（ticket pocket，又稱為change pocket，為西裝右邊口袋上方的小口袋，是過去英國紳士用來裝火車票或零錢的口袋）的休閒外套，再配上奢華的喀什米爾羊毛領帶。

風格元素

- 同色調多格羊毛、附零錢口袋的獵裝外套
- 淺褐色小窗格紋平領、法式翻袖、絲質袖釦襯衫
- 喀什米爾羊毛領帶
- 淺褐色精梳羊毛長褲
- 咖啡色斜紋長褲

In the Field

你的穿著說明了所處的情境，表示你明白自己的領域何在。你經驗老到，不論是董監事會議或戶外活動，都遊刃有餘。如果可以穿著牛仔褲，請選擇深色筆挺的牛仔褲，再配上具備同等份量的單品——一件厚毛料獵裝短外套、一件淺底深色方格襯衫、一條羊毛領帶。

風格元素

- 駝色厚毛料休閒外套
- 寬幅細毛料窗格紋平領襯衫
- 小圖案絲質領帶
- 深色牛仔褲
- 黑色純棉燈芯絨褲

Shoes

鞋子

鞋子最能顯現男人的穿著品味，而且也必須跟你的西裝、襯衫與領帶同步提升品質。在比較輕鬆的上班時間，船型平底鞋——不論是有垂穗或扣環，都能和比較休閒的長褲搭配得當，即使卡其

垂穗船型平底鞋
最好搭配休閒獵裝外套，不過也可搭配深色西裝，以塑造較休閒的風貌。

漆皮牛津鞋
經典的燕尾服鞋，款式介於頂級漆皮蝴蝶結船型鞋與擦得光亮的黑色素面鞋之間。

環扣船型平底鞋
正式的平底鞋，最好跟長褲與休閒獵裝外套搭配，不過跟深藍色、灰色或黑色西裝搭配也不錯。

褲也可以。至於咖啡色或其他大地色系的服裝，則必須搭配咖啡色鞋。一雙橫飾牛津鞋——不論是一般咖啡色皮革或哥多華皮——則是最盛裝的打扮，而一雙巧克力棕色的仿麂皮鞋則是搭配較休閒長褲的優雅選擇。

哥多華皮革橫飾牛津鞋
優雅的正式鞋款，跟咖啡色、卡其色或綠色西裝搭配最理想，也可以跟海軍藍西裝搭配。

咖啡色仿麂皮滾邊鞋
比較休閒的正式鞋款，跟灰色與咖啡色的厚羊毛褲搭配最合適，不過下雨天時不要穿。

Accessories 配件

如果知名建築師密斯・凡・德羅（Mies van der Rohe，德國知名建築師，曾任國際知名藝術與建築學校包浩斯《Bauhaus》的校長）所言：「上帝就在細節裡（God is in the details.）」屬實，將你的配件升級，則是攸關緊要。在你職業生涯的這個階段，你需要的是具有個人特色的配件——能夠讓你鶴立雞群，並展現你鑑賞品味的單品。

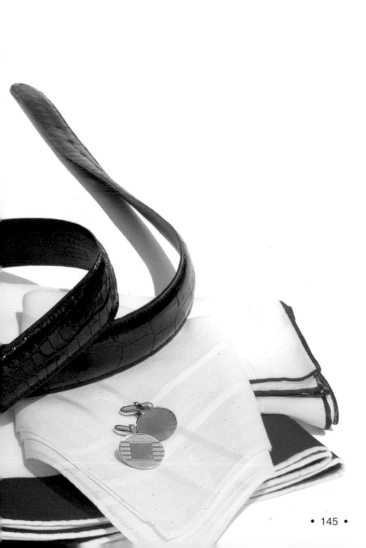

公事包

首先，請將你的皮質公事包升級。選擇比較柔軟且設計雅緻、實用的黑色或咖啡色真皮公事包。（記住：你在工作上越有權力，所需攜帶的東西就越少。）選擇空間夠大、卻不笨重的款式。在主要壓力承受點上必須有補強縫線，口袋不要太多（會縮小可用空間），淺色內裡（方便尋找不見的物品）。

銀質扣環的皮帶

至於你的皮帶，選擇真皮（如鱷魚皮），不妨考慮可拆式銀質或金質扣環，如此可以搭配好幾條皮帶。扣環可以刻上你的名字縮寫，千萬不要刻上你的綽號。

手錶

你的手錶是第二個需要升級的單品，可以選擇優雅的運動風手錶，例如飛行員手錶。

袖釦

現在也是建立你的袖釦珍品庫的好時機——金屬與琺瑯材質特別優雅。

麻質口袋方巾

最後，雖然你可能一直隨身攜帶手帕，卻不應該把它當作袋巾來用，所謂「一條用來展示，一條用來擦鼻涕」的格言，說的就是這個。拿一條上好的麻質手帕當作外套袋巾，棉質手帕則留給你的鼻子用。

Power Coats

權勢大衣

此時此刻升級外出服的基本重點，就在布料材質與外套剪裁的改進。大衣方面，建議由羊毛升級到喀什米爾——較溫暖且觸感較柔軟。

選購重點

大衣長度必須蓋過膝蓋，才能產生整體平衡感，不過也不可過長，以免妨礙行走。黑色或深藍色都很優雅，也上得了正式場合的檯面。

純絲與喀什米爾混紡圍巾

一條純絲與喀什米爾混紡圍巾不僅實用，而且優雅，適合所有工作與正式場合。

薄真皮手套

一副輕薄、質料好且柔軟的真皮黑色、棕黑色或咖啡色手套是讓男人不同於男孩的優雅配件。山羊皮很薄且夠貼合；鹿皮則是即使弄濕，乾了之後也不會變硬，也是很棒的皮；咖啡色往往隨著時間而變成赤褐色——充滿了特色與回憶。

喀什米爾大衣

巴伯大衣

（Barbour coat，英國皇室御用休閒外套品牌之一）

燈芯絨護頸立領

可外加帽子的暗釦

附防風片之粗條拉鍊

隱藏式拉鍊暗袋──是狩獵後在龍蛇雜處的pub嬉遊時的最佳裝配。

一個暖手用口袋，以厚毛料滾邊

兩隻袖子尾端皆有束口設計，是狂風暴雨時的最佳防護設計。

滴水孔：方便水或其他潮濕物品排水之用

風箱口袋（bellows pocket）：方便你狩獵時攜帶一整盒彈匣，或在出差時置放行動電話。

優質的外出服不但能保護你與衣服不受惡劣氣候的傷害，同時也是地位的象徵。從堅固耐用的角度來看，不妨考慮狩獵外套（如巴伯大衣），因為這類衣服設計的原意雖然是在阻擋風雨，卻也非常有格調，是英國紳士的典型代表。外套的長度務必超過西裝外套──你絕對不希望西裝下擺露在外面。

CLOSET power wardrobe

權勢衣櫃

衣櫃

從專業的角度來說，你已經達到事業的頂端，還停留了一段時間。你的服裝看起來不應該是一副劫後餘生的樣子，而是應該能匹配你的地位。雖然你可能是那種把襯衫隨手交給身後某人的男人，但是你的襯衫實在過於珍貴，建議你最好不要如此漫不經心地對待它們。你的領帶應該能夠讓你在人群中與眾不同。然而，你的整個衣櫥是否真正匹配你的職位？為了做到這一點，請依照前面的衣櫃整理流程（第17頁）：

評估：你所擁有的東西中哪些已經過時、破損、或者不適合此時的工作成就？

清除：把所有不符合你現有標準的東西清掉。

更新：問問自己少了哪些東西？一個擺放所有袖釦的真皮小盒子？那枝你夢寐以求的鋼筆？一個可以好好收藏你的領帶的第二個領帶架？也許還需要多買一件白襯衫？

今日的軟呢帽（fedora）

現代人的軟呢帽——棒球帽

——已經成為現代男人的頂上配件。不過，有了自由，隨之而來的就是責任。請遵守下列規定：1. 絕對不能在室內戴；2. 只有在下雨或下雪時戴；3. 上面絕對不可以出現「我跟笨蛋同行」的字眼；4. 顏色應該為深色，而且最好不要有任何商標。

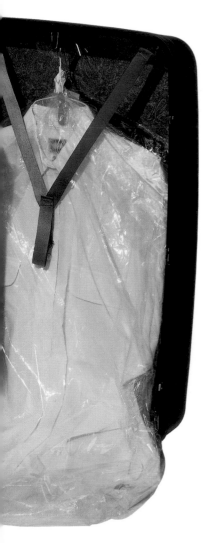

皺成一團

親愛的傑夫與金：

這雖然沒什麼大不了的，不過當我的襯衫與薄外套在旅行時皺成一團，真的讓我非常頭大。不論用成衣袋、硬殼箱，甚至捲起來放在圓筒內，結果都是災難一場。我知道我可以把襯衫送洗摺好，不過我並不喜歡摺痕。請不要告訴我可以把它們用帶子繫緊，我有，可是卻會在襯衫胸部留下奇怪的皺摺。救命！

——全部皺成一團者

親愛的全部皺成一團者：

你說的沒錯，再也沒有比在旅館設法把皺的像手風琴鍵盤的衣服燙平，還要糟糕的事情了。把你的襯衫送洗，掛在衣架上。要求一個塑膠袋內只放一件襯衫。把它們掛在旅行箱中，如此，當你抵達目的地時，每件衣服都會完美無損。秘訣何在？層層相疊的塑膠袋摩擦之下，會產生引擎機油般的潤滑效果，衣服就不會變皺。

——傑夫與金

Goes with the Job

4

旅行與娛樂衣櫃

能夠到異國旅行，多麼的棒！你得被安全人員搜身、忍受穿著襪子（上面有破洞）等待鞋子通過X光掃描機的待遇，最後你需要擔心的是輸送帶上行李箱裡的衣服狀態。在這個單元中，我們處理的不僅是旅行的嚴苛考驗，還包括如何讓你的頭髮配合你的優雅形象，在與客戶的餐敘中乖乖聽話。

4. Goes with the Job 四海皆職場

旅行……
——盛裝前往五湖四海

為旅行而穿

你也許正在出差途中，不過精穿細著的需求，卻如影隨形的跟著你。事實上，你甚至需要比平常更精穿細著。記住，一旦你出了辦公室，就不只是代表你個人，同時也代表公司，所以外表很重要，甚至比平常還重要。對大部分人而言，出差之所以如此麻煩的原因在於打包——帶什麼、帶多少、如何搭配，以及是否適合所要前往的地方等。就像大家常說的，未雨綢繆是成功的關鍵。

準備起飛？

即使是喜歡旅行的人往往也對轉機頭痛不已。總是大排長龍，休息區總是擁擠不堪，而且總是會有事情或有地方出錯。凡此種種，你最不希望的就是感到不舒服，這也是為何旅行的穿著規範在過去幾年完全消失無蹤的原因所在。以前，人們搭機時會穿西裝（至少套一件休閒外套）；不過，現在大家都穿無領長袖運動衫（sweat shirt）、T恤、短褲與慢跑鞋。而穿這些服裝的人，跟穿正式服裝的人是同一批人。

不過，當你為工作出差時，就不能讓對方看到你穿著網球裝出現。通常，你會跟同事一起出差，即使並非如此，你也無可避免地會碰到一

位，所以不論何時，務必讓自己顯得專業。

舒服 VS. 專業

旅行時如何穿著，完全取決於你的旅行方式。自行開車前往？盡可能的穿著休閒，除非你一抵達目的地就須參加正式的會議。搭火車旅行？即使穿西裝，經過幾小時，應該還不至於太皺。如果搭機前往某地，最好穿上最厚重的衣服，最輕的則打包起來。西裝可能被沉重的肩背袋與機艙裡的灰塵弄壞，所以如果可以的話，穿獵裝短外套和長褲即可。還有，記住：隨時為目的地而穿，而非為出發地而穿。

行李遺失憂鬱症

搭機旅行時，為何需要隨時保持專業形象？因為你的行李隨時可能離奇失蹤！如果這個悲劇真的降臨在你身上，至少你的穿著符合工作得體型的要求，能夠應付接下來幾天的場合需求。為求保險起見，最好隨身攜帶盥洗用品。（重要的藥品也應該隨身攜帶。）如果你前往的地方氣候溫暖——比方參加業務會議——在隨身行李中多增加一件T恤和一套泳裝，最糟糕的狀況就是，你在海灘冒著汗，等著航空公司幫你找行李。

地點、地點、地點

世界各地入境隨俗的指導原則

政治生態也許因地而異，不過穿著規範卻不再如此。如果你看起來夠專業，某個地區的穿著規範也許沒什麼影響，但如果你能因應氣候且穿著入境隨俗，則必能為你加分不少。以下是一些基本的指導原則。

全球思惟
在地穿著

中西部（芝加哥、底特律、聖路易市）

在美國中西部的都會區，適合採取企業型與穿著得體型：男士穿西裝、打領帶，可搭配休閒外套與質料好的長褲。

東北部（波士頓）

由於許多大學位於其中，因此波士頓人的穿著可能有點悠閒，不過針對企業界，建議穿著企業型與工作得體型。

東北部（紐約）

紐約市是美國的時尚之都，表示穿什麼都可以——只要看起來好看即可。在華爾街與律師事務所，西裝（以及／或獵裝外套）與領帶仍是主流，不過在比較具有創意的產業中（出版、媒體、廣告），你就需要多多展現自己的個性。西裝配T恤？穿高領衫上班？全黑？都可以。只不過黑色未必適合所有人，

有的人穿起來可能看起來好像高中戲劇社的成員。如果不確定，就搭配一些色彩，比如白色或灰色。

大西洋沿岸中部（費城、巴爾的摩、華盛頓特區）

華盛頓特區比巴爾的摩和費城更要求穿著正式的西裝，不過，如果在這些城市穿著工作得體型服裝，都會被視為休閒。

太平洋沿岸西北部（西雅圖）

這裡一切講求舒服。沒錯，你還是會看到男人穿西裝或是穿著獵裝外套和領帶，不過工作得體型與工作休閒型是最被此處居民接受的款式。而且，別忘了帶一件防水外套和一把雨傘，以對付那裡的雨水。

西海岸（洛杉磯）

在洛城，如果你沒有在娛樂界工作，就算你跌倒，別人也不會聽

到。至少，你會感覺如此。金融業的高階主管基本上都穿深色西裝、打領帶，或穿西裝不打領帶，當然還要再加上必備的行動電話與汽車。比較有創意的高階主管也會穿西裝，不過通常穿的比較時髦（當季的設計師品牌），而且比較休閒（Armani西裝配上簡單的白色領帶）。即使沒有穿西裝的高階主管，也都至少穿著工作得體型──當然是設計師品牌。如果你是個電影明星，那麼隨你高興，愛穿什麼就穿什麼吧！

西海岸（舊金山）

舊金山是一個多元的都市，男人大多穿著西裝或工作得體型服裝。記住：雖然舊金山地處加州，氣候卻比較寒冷，即使是在八月，也別忘了帶一件大衣。

落磯山脈（丹佛）

在落磯山脈工作，工作得體型服裝加上一點西部的感覺，就非常適合卡其褲、襯衫加毛衣，以及一雙上好的靴子。不妨多準備一件休閒外套，晚上穿還滿適合的。

東南部（亞特蘭大）

亞特蘭大很保守，氣候卻熱力迫人，可能會讓你想要扯掉領帶。千萬不可！只要記得帶你最輕薄的西裝即可──薄羊毛、麻、細棉布材質者──還有穿淺色的衣服。

西南部（德州）

薄西裝搭配領帶或淺色的工作得體型服裝，是對抗德州炎熱天氣的最佳法寶。還有，除非你的牛仔靴夠道地，最好不要輕易嘗試此種打扮，老哥！還有牛仔帽，更是如此！

熱帶地區（佛羅里達）

佛羅里達企業人士的穿著雖然符合當地熱帶氣候，卻一點也不休閒。工作得體型是參加會議的最佳打扮，但必須看起來精明幹練。輕薄材質與淺色（甚至粉色系）的衣服都可以在佛羅里達穿。

入境隨俗的精穿細著

非洲

穿得整齊清潔，是尊重他人的表現。英語系國家穿得比較正式，法語系國家則較休閒。避免在洽公場合穿狩獵式服裝（safari），可能被視為殖民主義作祟的冒犯行為。最重要的一點是，千萬不要穿迷彩或軍裝，你可能會被當作外國傭兵。

亞洲

香港：中國是一個非常保守的國家，穿企業型且選擇布料輕薄者。
日本：規則就是穿著正式的企業型──深色西裝和正經的領帶。此外，設法了解鞠躬的方法；這是跟日本企業界打交道的關鍵要素。名片的交換則幾乎成為一種儀式。得體的方式是兩手拿著自己的名片，有字的一面朝向對方，遞給受方。如果你是名片的受方，必須恭敬小心的接下名片。花一點時間閱讀剛拿到的名片，再放入名片夾。不要在名片上寫字，可能會被視為侮辱。此外，避免直接的眼神接觸。
菲律賓：亞洲地區穿著最整潔的國家，因此菲律賓人期待看到你穿正式的西裝。

歐洲

整個歐洲的企業穿著與美國並無二致。

俄羅斯

俄羅斯上班族的穿著由正式的企業型到超炫的華麗型皆有。經常可見到男女上班族同一套衣服穿好幾天。因為天氣變化非常極端，建議你採用多層次穿著法。

南美洲

上班族習慣穿著企業型服裝。

澳洲與紐西蘭

一般人的穿著都很保守。記住當地的氣候剛好跟北半球相反，所以十二月是夏天，而七月則是冬天。

Travel
Wardrobe
旅行者的衣櫃

準備上班穿的衣服就已經夠困難了,而準備商務旅行的服裝,
對某些人而言,更可能是災難一場!其實大可不必如此。只要
適當的規畫,加上一點點嚴格的自我要求,把你的衣櫃精簡到
旅行規格,將讓你平日的穿著功力更上層樓——因為你學會
「少即是多」的真理。本章將探討:1.最精穿細著的旅行面貌,
2.轉機服裝,3.期間長短不一的打包技巧,以及4.方便打包與
旅行的服裝與配件。

「百分之八十的成功
在於展現。」

——伍迪‧艾倫(Woody Allen)

哪些是我的跑路服？

Luggage

出差時所選擇的行李箱必須：1.跟你的檔案管理系統一樣有效率，2.跟你最好的西裝一樣上得了檯面，以及3.夠耐用，能夠將那些西裝（還有領帶和鞋子）整齊安全的運到你最終的目的地。

西裝旅行袋（garment bag）

西裝旅行袋的想法是你旅行袋裡的衣服應該就跟家裡的衣櫥一樣掛起來。為了避免起皺，每件衣服外面務必再套上一個乾洗塑膠袋。

隔夜行李袋（overnighter）

你的隨身行李袋應該跟你本人一樣受人敬重，拿起來千萬不可過重或顯得奇怪。

Guidelines

行李箱指南

一週差旅箱

選擇有內建西裝旅行袋、操
作方便的滾輪,以及可以輕
鬆拖著走的伸縮把手。

行李箱選購指南

1. 行李箱的外表跟你的西裝外表一樣重要,所有的單品都應該
   相互搭配。最好是深素色,而且不能有破損或破洞。
2. 用有滾輪的行李箱,沒有什麼好丟臉的。它比較容易操作,
   而且不會讓你在機場汗流浹背地提著行李到處走。
3. 行李箱應該都有適當的識別證(就如同名片一樣),而且應該
   有一個明顯的彩色標籤,以方便辨識。
4. 在行李箱裡放一份行程表,以便遺失時,可以按表聯絡。
5. 在商務差旅時拿著筒狀行李袋,就好像穿著棉質短褲參加董
   監事會一樣。
6. 選擇可以使用自己衣架的西裝旅行袋。
7. 你的行李箱將會受盡折磨,所以請選擇如防彈尼龍(ballistic
   nylon)般堅固的布料。防彈尼龍可說是最堅固的材料,大約有
   一千丹尼爾(denier,表示纖維寬度與強度的單位)。一般商務
   旅行用,大約420或600丹尼爾就夠用了。

旅行隨身包

旅行隨身包之於旅行,就如同保健箱(medicine cabinet)
之於浴室一樣。它們應該耐用且防水,務必使用寬口、拉
鍊密合的款式,而且至少裡面要有一個內袋,隨時讓你的
盥洗用具保持在可以快速打包的狀態。

多普包(Dopp Kit)的起源

男士的旅行隨身包往往被稱為多普包,這個名詞源自於成
功推廣這個包包的芝加哥皮件製造商多普(Dopp)公司。

What to Pack

出差時如何打包？其實有幾個萬無一失的妙法，善加運用，你就能夠因應沿途所有可能的混亂差錯，也不會感受經常伴隨旅行而來的無形壓力。

評估： 你的旅行計畫。打算前往何處？待多久？會遇到誰？當地的氣候如何？

考慮： 穿著規範。此次旅行的目的為何？是參加設於度假中心的會議？還是跟潛在客戶開會？打算前往哪個國家或該國的哪個區域？當地如何穿著？你可能遇到的場合為何──開會、晚餐、簡報？穿什麼會讓你感到最舒服？

事先計畫： 旅館是否有傳真機、電腦連線等？有沒有乾洗服務？健身房？

十大精明打包原則

1. 列出所有需要物品的清單。
2. 盡可能精簡輕便。
3. 鞋子可以擺放襪子、皮帶以及體積小的個人物品（旅行鬧鐘等）。
4. 穿最重的鞋子去旅行。
5. 打包服裝時務必清空口袋。
6. 正式襯衫交由專業乾洗店清洗並摺疊整齊──如此較不佔空間。
7. 使用旅行組合包的盥洗用品。
8. 把所有可能滴漏的物品（乳液、防曬油、洗髮精）放在密封塑膠袋中。
9. 多帶一些密封塑膠袋──可以放汗溼的健身服、濕泳衣……
10. 隨時多帶一雙羊毛襪，以保護冷氣房裡冰冷的雙腳。

...One Week

一週打包紀事

打包檢查表的優點是讓你不會因為忘記某樣東西而驚慌失措，如：度假中心的泳衣、健身服，或黑襪子。打包檢查表是非常有效的視覺輔助工具，可以協助你用最少的必需服裝，來因應旅行中最多的活動。不必條理分明，只要根據自己所需填寫即可。

日期	上午	下午	其他
週一：旅行日	深藍色西裝	同左	黑色船型平底鞋
週二	會議：灰色西裝	深藍色獵裝外套／灰色長褲、毛衣	白天：咖啡色鞋子 晚上：黑色鞋子
週三	自由活動：卡其褲&藍色毛衣、游泳用品	晚餐會議：灰色西裝（無領帶）	黑色鞋子
週四	早餐／午餐會議：黑色高領衫搭配灰色西裝長褲	客房服務！	黑色鞋子
週五	游泳、高爾夫！	晚餐會議：深藍色西裝、不打領帶	咖啡色鞋子
週六	全天開會：卡其褲&毛衣	同左	黑色鞋子
週日：旅行日	深藍色西裝外套、卡其褲	同左	黑色鞋了（船型平底鞋？）

打包檢查表：縱列為預定旅行的時間，旁邊留三個空格，以紀錄上午、下午與其他需要穿著的衣物。把你打算穿的衣服填進去，盡量混合搭配，以免攜帶過多衣物。

How to Pack a...

手提箱

1. 扣上內附皮帶，並沿著手提箱內緣扣好。
2. 放入重的或笨重的物品──鞋子、盥洗包（手提箱裡放一支牙刷）。
3. 在衣服中間放一層紙或塑膠袋──讓衣服可以滑動，而非摩擦，以免弄皺。
4. 褲子：依褲子的摺縫摺好，放入手提箱中，褲腳垂在一邊。上面放一張紙或塑膠袋，在你打包別的衣服時，就先這樣擺著······
5. 加入毛衣、襯衫和比較輕的物品，再放一層紙或塑膠袋。
6. 把褲腳往回摺入手提箱中。
7. 將乾洗過、附衣架、套上塑膠袋的衣服再加上一層塑膠袋。
8. 拿一個袋子將其他零星衣物放入其中。

長褲

1. 務必清空所有口袋：褲子摺起時，口袋裡的鑰匙或零錢會傷害褲型。2. 長褲應該是第一個放入的衣物。放進去的時候，褲頭應該放在箱子的中央，褲腳則垂在箱子外面。（如果你放兩條長褲，請在箱子底部中央褲頭對褲頭，褲腳則分別垂在相反的方向。）3. 把其餘物品放在上面，然後將褲腳反摺，放在上面，最後再把最後一個物品放在反摺的褲腳上面，以固定所有物品。

外套

1

2

3

4

1. 清空口袋。外套正面朝自己，把手放到外套肩膀裡面。

2. 把肩膀往外摺（袖子不用）。

3. 把右邊肩膀放入左邊肩膀中。此時裡布應該朝外，袖子則是摺在裡面。

4. 把外套對摺成半，放入塑膠袋中，再放進手提箱。

襯衫

1. 扣上所有鈕釦，特別注意腰部以下的那顆釦子。

2. 襯衫正面朝下，放在平坦的物體上，把袖子沿著肩膀縫線往回摺。

3. 從你腰部下方鈕釦處將襯衫的下擺往上摺，如此你的襯衫就不會在肚子部分出現摺痕。

附註：如果你能預知行程，請在出發前將襯衫送洗並摺好。

領帶

1. 將領帶對摺，放在一張紙或夠長的塑膠紙上。

2. 往上捲，然後用鬆鬆的橡皮筋束起來。

3. 你可以在出發前，把捲起來的領帶放入外套口袋。

4. 或者把領帶放入領帶盒中。

鞋子

1. 鞋子務必放在袋子中——可以清洗的布袋或從雜貨店拿的、用完即丟的塑膠袋。

2. 沿著手提箱堅硬的邊緣擺放，可固定摺好的衣物，不會亂移動。

2a. 如果是圓筒袋，應該先將皮鞋放在底部。

3. 鞋子裡面可以放襪子、捲起來的皮帶、備用眼鏡，或你的盥洗包，還有一條防曬膏。

Your Travel Wardrobe

你的旅行衣櫃

為了讓你的衣櫃在旅行中發揮最大效用，盡量選擇搭配性最高的單品。井井有條的手提箱不但能讓你的出差輕鬆不少，也能維持你的專業形象。選擇四季皆宜的防皺布料（如薄羊毛或羊毛織紋布），顏色則是選擇深藍色、灰色與中性色，搭配性較大。

皮帶

襪子

黑色針織領帶

船型平底鞋

轉機時

1. 轉機時穿上最重的衣服與鞋子。
2. 為目的地、而非為出發地而穿。
3. 若與同事同行（或者即將開會），穿著務必專業。
4. 穿舒適的鞋子，並視需要穿著可依氣候穿脫、多層次的服裝。
5. 西裝外套或休閒外套就好像是多出來的手提袋一樣——可以放機票、護照、眼鏡、筆、電話，以及PDA。

一套深藍色西裝 ＋ 一件獵裝短外套與休閒便褲 ＋ 一條卡其褲 ＝ 六套可以塞進一個西裝掛袋的服裝。

灰色便褲

黑色獵裝短外套

黑色或深藍色毛衣

卡其褲

目標

讓你的行李能因應各種場合需求：重要單品可以長時間為你效力。

深藍色西裝與黑色獵裝短外套

旅行資產：這兩件單品不分晝夜皆可穿著，還可以打散搭配成好幾套。

卡其褲

旅行資產：一條卡其褲是旅行的絕佳良伴——重量輕、舒服，而且不易顯皺。

第一天	第二天	第三天	第四天	第五天	第六天
黑色獵裝短外套	深藍色西裝	西裝外套	黑色獵裝短外套	黑色毛衣	黑色獵裝短外套
灰色便褲	襯衫與領帶	卡其褲	西裝長褲	灰色便褲	黑色毛衣
襯衫與領帶	黑色鞋	襯衫	高領衫	黑色鞋	卡其褲
黑色鞋		黑色鞋	黑色鞋		黑色鞋

Packing Chart 打包檢查表

品項	週一	週二	週三	週四	週五	品項
內衣						**內衣**
內褲／短褲						內褲／短褲
內衣						內衣
襪類						**襪類**
襪子						襪子
西裝						**西裝**
外套						外套
長褲						長褲
單品						**單品**
休閒外套						休閒外套
長褲						長褲
襯衫						襯衫
領帶						領帶
配件						**配件**
公事包						公事包
手錶						手錶
眼鏡						眼鏡
太陽眼鏡						太陽眼鏡
鞋子						**鞋子**
鑲邊鞋						鑲邊鞋
船型平底鞋						船型平底鞋
運動鞋						運動鞋
外出服						**外出服**
雨衣						雨衣
大衣						大衣
圍巾						圍巾
手套						手套
帽子						帽子
雨傘						雨傘
其他						**其他**
健身服						健身服
泳衣						泳衣
晚禮服						晚禮服
運動服						運動服

製作打包檢查表的理由

1. 可簡化並讓打包過程井然有序。
2. 可控制打包的品項數量。
3. 避免遺漏重要物品。
4. 避免攜帶過多物品。
5. 有助整理服裝搭配組合。
6. 可作為行李遺失時之索賠依據。

一日來回

❏ 地址簿
❏ 手提箱
❏ 駕照、證明文件
❏ 眼鏡：平日、太陽眼鏡
❏ 手帕
❏ 行程確認單
❏ 鑰匙：車子、家裡、辦公室

❏ 藥品
❏ 財物
❏ 筆、鉛筆
❏ 讀物
❏ 票

整理皮夾

❏ 汽車俱樂部會員卡
❏ 紙鈔夾

❏ 名片
❏ 現金
❏ 支票本
❏ 信用卡
❏ 駕照
❏ 家人照片／照片
❏ 健保卡
❏ 電話卡
❏ 旅行支票

商務出差
- 地址簿
- 廣告物品
- 飛機票
- 行事曆
- 手提箱
- 名片
- 計算機
- 電腦、配件
- 確認單：旅館等
- 聯絡人
- 信用卡
- 支出表格
- 檔案夾
- 螢光筆
- 推薦信
- 馬克筆
- 會議物品
- 錢
- 筆記本
- 紙夾
- 護照
- 筆、鉛筆
- 卷宗
- 簡報物品
- 價格表
- 提案
- 出版品
- 訂單表格
- 報告
- 橡皮筋
- 樣品
- 印章
- 訂書機、訂書針
- 文具、信封
- 錄音機、錄音帶
- 時間紀錄表

平日通勤
- 汽車俱樂部會員卡
- 行動電話
- 零錢、代幣
- 駕照
- 開車用鞋
- 眼鏡：平日、太陽眼鏡
- 急救包
- 加油卡
- 鑰匙
- 地圖
- 音樂
- 小筆記本
- 筆、鉛筆
- 水

過夜
- 隨身盥洗包
- 睡衣
- 襯衫
- 襪子
- 內衣

隨身攜帶
- 地址簿
- 相機與底片
- 確認單
- 電子用品
- 眼鏡：平日、太陽眼鏡
- 身分證明文件
- 鑰匙：車子、家裡
- 藥品
- 錢
- 外衣
- 護照、簽證
- CD隨身聽
- 讀物
- 票
- 牙刷、牙膏
- 水

基本服裝
- 運動鞋
- 皮帶
- 黑色或咖啡色鞋
- 卜班用西裝
- 正式襯衫（兩件白色、三件素色）
- 牛仔褲
- 卡其褲或燈芯絨長褲
- 深藍色獵裝短外套
- 睡衣
- 襪子與內衣
- 運動服裝
- 泳衣
- 風衣
- 手錶
- 白色T恤

旅行隨身包
- 變電器
- 鬍後水
- 易打翻物品的備用塑膠袋
- 身體乳液
- 洗臉用品
- 古龍水
- 保險套
- 棉花棒
- 牙線
- 假牙：盒子、清潔劑

- 體香劑
- 足爽粉
- 護髮用品
    - 上色劑
    - 梳子
    - 吹風機
- 護唇膏
- 滋潤霜
- 漱口水
- 指甲剪
- 刮鬍刀、刀片
- 洗髮精、潤絲精
- 刮鬍膏
- 香皂
- 皂碟
- 刮鬍用止血筆
- 防曬油
- 紙巾
- 牙刷、牙膏
- 拔毛鉗

藥品檢查表
- 消毒水
- 阿斯匹靈
- OK繃
- 冷敷劑
- 腸胃藥
- 緊急連絡電話
- 識別手環
- 驅蟲藥
- 用藥資訊：過敏、藥物使用與血型

- 水泡用墊布（moleskin）
- 醫生姓名、地址與電話
- 處方用藥
- 防曬用品
- 溫度計
- 喉糖
- 維他命

國際旅行檢查表
- 聯絡人地址
- 汽車註冊表單（如果開車的話）
- 現金，包括一些前往旅行國家當地的貨幣
- 信用卡
- 緊急聯絡人
- 備用醫生配戴眼鏡度數處方箋（有些國家的眼鏡行若無醫師處方，就不能為顧客配眼鏡）與聯絡人
- 保險單
- 國際駕照
- 購物用的輕薄大袋子
- 常用片語書或字典
- 特殊處方與藥物
- 太陽眼鏡
- 機票與旅行文件
- 旅行行程表
- 旅行支票與個人支票

……還有娛樂

——放輕鬆，不過就是你的事業

出了辦公室之後

　　該怎麼說呢？做生意跟十項全能運動不一樣，並沒有明顯的規則可循。如何在一個似乎不怎麼專業的環境中穿得專業？請進入「特殊場合衣櫃」，不論你參加公司舉辦的高爾夫球競賽或耶誕節派對，永遠擺脫不了員工的角色。在這些場合中，外表最重要，因為出錯的機率很大。為了選擇適合所有可能的「下課後」活動的服裝——從網球裝到公開演講，甚或正式宴會的場合等等，就請繼續閱讀下去。

吃飯談生意

　　男人跟女人不同，他們知道從白天到夜晚的變裝，其實很簡單：我們只要出現就可以了。除非他穿的是顏色很淺、不適合晚上穿的西裝，否則要他晚上外出，其實根本不會花腦筋在想是否該穿不一樣的衣服出現。

　　然而，在杯觥交錯、用餐與其他「辦公室之外」的場合中談生意，該怎麼穿，的確讓一些傢伙傷腦筋。下面是幾個可以遵循且應該留意的基本原則。

早餐、午餐與晚餐

男人的穿著規範其實沒有多大改變——除了餐廳屬於比較休閒或正式的差別而已。不過,盛裝用餐已經變成一種習慣,即使是在四星級餐廳附設的小餐廳吃早餐,你還是可以穿西裝、打領帶,也不會感覺不恰當。然而,如果你不清楚餐廳的服裝規定,只要事前簡單的打通電話請教即可。

比較傷腦筋的反而是餐桌禮儀,千萬不要小看這些禮儀的重要性。如果你不清楚自己的禮儀是否得當,請學會適當的儀節,並確實遵守。餐巾請放在大腿上(千萬不要塞在領子上!);餐具由外往內使用;咀嚼的時候,閉上嘴巴;說「請」與「謝謝」;還有,小心不要吃得滿身都是。

小酌

跟客戶、主管,甚或同事小酌,往往讓人神經緊張,並不是因為不知道該穿什麼——沒什麼困難的,只要穿著去上班的衣服即可。或者,如果你覺得自己穿的有點隨便或有點過度正式(因為場合或在一起的人),就盛裝或穿得輕便一點即可。

其實,讓人最傷腦筋的是到底該喝多少。答案呢?不要太多,一杯即可,最多兩杯。超過此限,你可能會喝醉——結果又製造了另一個讓自己顯得邋遢的場合。

黑領結場合(Black Tie)

說實話,打領結可能是男人打從會穿衣服以來,最重大的事件。穿上燕尾服,你馬上就變得優雅起來,照埋說,男人幾乎不可能把它搞砸,不過,就是有人會如此!

其中一個最基本的原因是,大部分男人都不願買一套自己的燕尾服,所以就用租的,這也是為何最後大家看起來都好像侍者的原因。買套燕尾服,也許是非常昂貴的投資,但如果你一年會參加一到兩次的正式宴會,就值得了。一套經典的燕尾服(這也是唯一能買的款式)可以

讓你穿五到十年——假設你還穿得下的話。

接著，為你自己買一件適當的燕尾服襯衫、一條領結、幾個袖釦和飾釦（studs，燕尾服襯衫專用、使用方法同袖釦的鈕釦），就能出席所有華麗的晚宴而不失禮了。對了，如果邀請函上面寫著「創意黑領結」（Creative Black Tie）時，千萬不要搞創意，把俗艷的領結和黑襯衫留給別人現，你的態度應該是：如果卡萊・葛倫（Cary Grant，好萊塢知名老影星，以優雅迷人的螢幕形象著稱）不會如此穿，你就不應該穿。

危險地帶——「輕鬆場合」的穿著

你知道將和自己的同事相處好幾天，不過你們現在不在辦公室。對許多男人而言，這種狀況非常複雜。你能否完全放輕鬆，讓別人看到你的真面目？你是否小心翼翼，還是穿著跟上班同樣的服裝，只不過沒打領帶？

在好像沒有規定的狀況下的規定是什麼？

大型會議（Convention）

參加大型會議就好像參加任何同業活動一樣，請穿著符合你專業形象的服裝。大型會議跟僅限貴公司參加的活動不同，是同業所有從業人員都會參加的會議，所以這是一個給公司以外的人留下良好印象的好機會。就把這個當作非正式的求職面試好了。

業務協商會議（Sales Conference）

不論是業務協商會議或公司外地特訓，都還算是你的上班時間，也表示還有人在看著你，甚至已經在評斷你，這絕非你可以鬆懈的時間。不過，你還是想要展現自己也是個可以放輕鬆的人。為了讓你顯得專業又不失放鬆，請穿著介於工作休閒型與低姿態的工作得體型之間。白天穿卡其褲與正式襯衫，晚上再加一件獵裝短外套，如此就不可能出錯。牛仔褲也可以，不過千萬不可皺巴巴。運動鞋？當然可以，只要不是破破爛爛的即可。還有，如果你去的地方有海灘，準備一件泳裝，不過請記住：保留一點想像空間。沒有人會欣賞你那包裹在緊的不能再緊的泳

褲裡的身材。同辦公室的女同事將會懷疑你的居心，而男同事則只會覺得你遜斃了。實用不花俏的中短褲最適宜。

公司體育活動

此種競爭性活動往往是你結交盟友或敵人的地方。服裝的選擇必須謹慎——平常你在這類場合穿的服裝，在被同事環繞的此時此刻，可能會傳達出錯誤的訊息。因為現在如此多的生意都是在高爾夫球場完成，在體育活動場合精穿細著，必能帶給你競爭優勢。已經引領十年風騷的高爾夫球裝，現在已經變得優雅有型，而且運用高科技的材質。這些能夠吸濕排汗的布料，能保護身體不受風雨的傷害。

高爾夫

下面是幾點可以讓你舒服打球的基本秘訣。對於新手的建議是：如果你不會打，就不要接受高爾夫球的邀約，這只會讓自己出糗而已。（快速入門秘訣：你打的並不是小白球，而是Titleist球〔美國銷售量最大的高爾夫球〕。如果你不知道這個在說什麼，就請你離球場遠一點，去上幾堂課，為下一次出擊準備。）

如果你知道自己在那裡要做什麼，第一件事情就是給你自己買雙合適的鞋子，也就是塑膠釘鞋。至於其他的行頭，不一定需要真正的高爾夫球裝，表示你可以穿馬球衫、卡其褲（千萬不可穿短褲），再加上一件毛衣或風衣。最後，給你一個良心的建議：如果你的高爾夫球技很高竿，千萬不要讓你的老闆下不了台。你未必需要讓他贏，但假若他的球技很糟糕，你就設法把幾球打到樹林中吧。此外，如果有賭金牽涉其中，你拿了錢之後，務必在俱樂部掏出來請個一、兩回的客。

網球

網球服裝也受益於布料的創新科技，雖然式樣典雅——鱷魚牌（Lacoste）襯衫、Stan Smith球鞋（Stan Smith，愛迪達於一九七一年為網球名將Stan Smith特製的簽名球鞋款）等——看起來卻勇猛有力！

Sales Meeting... Day

業務會議……白天到夜晚

不論是業務協商會議、業務會議或公司外地特訓，基本上的穿著都必須從白天穿到夜晚。白天穿工作休閒型（也許可以不用穿襪子），晚上則穿便褲、解開領子的襯衫和休閒外套。天氣溫暖時，穿麻或棉質服裝。這三種場合都可以穿獵裝短外套，因為它和牛仔褲、卡其褲或合身的便褲都可以搭配。

白天休閒型

雖然下班了，卻仍有任務在身。一件馬球衫或長袖有領襯衫、一雙運動型的鞋子、一條皮帶，以及船型平底鞋。

to Night

夜晚休閒型

下班後的優雅感。獵裝外
套配平滑的針織馬球線
衫、便褲，以及一雙船型
平底鞋。

Healthy Competition

良性的競爭

網球場上

穿著規範：雖然白色網球裝與有領襯衫已經不再獨領風
騷，但這種穿著卻絕對不會出錯。短褲長度保持到大腿
中部，網球鞋與襪子也務必保持乾淨。

高爾夫球場

穿著規範：留意高爾夫球場的穿著標準，不
過就一般而言，長褲、馬球衫，以及有柔軟
球釘的高爾夫球鞋，應該就幾乎能適合所有
的高爾夫球場了。

水上活動

穿著規範：泳褲跟短褲的長度都應該及於大腿
與膝蓋之間。除非游泳或做日光浴，請穿乾淨
的白色T恤、馬球衫或扣領式牛津襯衫。
切忌：緊身短泳褲，以及過長的衝浪褲。

Business Entertaining

工作中的娛樂是職場中最難操作的場合。在這個大傘之下，從睡眼惺忪地跟老闆與潛在客戶共進早餐、到棒球場上與歌劇院中的包廂，都包括在內。然而，一般而言，男人在這些場合的穿著，比女人容易得多，因為男人只要白天上班的穿著得體，往往就可以自在行走於下班小酌或晚餐的場合。男人若想變裝，只要換上新襯衫、換條領帶，就可以直接從工作場所走進大部分的社交場合。電影首演、節慶活動與正式宴會場合則是少數的幾個例外。上班西裝與燕尾服之間的差別不斷模糊，不過一個基本的原則是：在黑領結隨意（black-tie optional）的場合中，穿燕尾服的人必定比穿西裝的人自在。近年，黑色套裝已經成為女人「小黑禮服」（little black dress），它比上班套裝還盛裝，但並非是「漿過襯衫」的燕尾服。若有疑問，就請穿燕尾服。

Black

黑色西裝

新經典：黑色西裝曾經被視為
殯葬業者與聰明人的制服，現
在卻已成為許多男人的權勢裝
扮。再也沒有比它更低調優
雅、更具都會感，而且更顯瘦
的顏色了。

白天穿黑色西裝時，可以搭配有領襯
衫（白色、灰色和黑色最好看），不
要打領帶。

畫龍點睛
白天時若想讓黑色西裝顯得更休
閒，可以搭配運動手錶、一條簡單
的皮帶，以及一雙船型平底鞋，就
可以變得低調一點。

上午

Suit

白天穿黑色西裝可能有點過於嚴肅，不過晚上在家就沒問題了。它適合所有場合——從藝術活動的開幕到跟老闆或重要客戶吃晚飯，都可以依據場合盛裝或輕裝。

黑色西裝最盛裝的穿法就是搭配一件白色法式摺袖襯衫與全黑素色領帶。不論是下班後與老闆小酌或參加奧斯卡頒獎典禮，這套打扮都會讓你得體生色。

畫龍點睛

戴一支比較正式的手錶、襯衫結上袖釦、一條鱷魚皮帶（銀質皮帶環），以及一雙鑲邊鞋（此時橫飾牛津鞋最適合），就能馬上讓這套西裝變正式。

下午

Black Tie
黑色領結

晚宴服裝是男人的特別服裝：穿上剪裁精良的晚宴外套與合適的配件，轉眼之間，你就變成卡萊·葛倫或佛雷·亞斯坦（Fred Astaire，老牌好萊塢影星）。黑色領結服裝雖然不容易出錯，但只要留意一些小地方，你馬上就能讓燕尾服晉身到藝術層次。

燕尾服有三種廣為接受的基本款。不論哪一種款式，所有翻領材質都應該是緞或羅緞，而且都應該以此選擇可搭配的領結：
新月領（shawl collar）：比較圓的翻領。
缺角型翻領（notch lapel）：看起來像標準的西裝外套。
尖角型翻領（peak lapel）：比較寬的翻領，亦常見於單排釦與雙排釦的西裝款式中。

沒錯，燕尾服是昂貴的投資，不過如果你考慮到一套可以穿五到十年（假設你一年只穿幾次的話），成本的攤還就顯得合理多了。

新月領燕尾服
（shawl-collar
tuxedo）——

方寸之間
在口袋放一條手帕，燕尾服馬上變得魅力非凡。為了整體感，一雙鑲邊漆皮皮鞋，是最好的搭配；或者滾上緞面蝴蝶結的高跟鞋——如果你非常、非常勇敢的話。

平領（plain collar）
正式襯衫

缺角型翻領燕尾服
（notch-lapel tuxedo）

尖角型翻領燕尾服
（peak-lapel tuxedo）

翼型領
（wing-collar）
正式襯衫

How to: Bow Tie

如何打領結

說到領結，蝴蝶結是最經典的形狀，而且永遠都應該是黑色的。同時也應該跟腹帶相互搭配。腹帶的打摺記得朝上。

步驟分析圖

1. 一邊保留1.5英吋長放在另一邊的下面，將長的一邊往上繞過中心。

2、3. 用短的一邊作成一個環，對中放在即將打結的地方，再將長的一邊繞過去。

4、5. 用長的一邊繞成一個環，再穿過前面的環下面的結。

6. 慢慢調整打好的結──這裡是攸關領結好壞的關鍵。

秘訣
用你的大腿骨來練習，因為它的周長跟你的頸圍差不多。

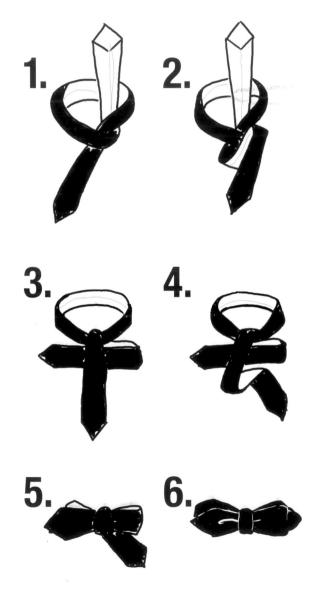

襯衫

有兩種最常見的襯衫款式：翼型領（適合脖子長的男人，而且最適合搭配尖角型翻領外套）與平領（跟平常的正式襯衫相同）。兩種款式前面都有打摺或雙股紗織紋（pique），而且兩者都需要搭配神釦與飾釦。

袖釦與飾釦

材質應該是黑檀木或珠母貝（銀質或金質亦可），它是展現個性的絕佳途徑。

精穿細著──終身的課題

　　雖然許多人認為衣服是奢侈品,然而,它卻是必需品。抬頭看一下,它就放在「食物」與「庇護所」的中間。所謂奢侈,完全看你所擁有的服裝數量與品質而定。這也是為何我們一路看來,發現精穿細著不但反映你的外表,同時也反映了你添購服裝的方式。

　　要想精穿細著,你就必須明白自己的目標為何(工作與私人層面),明白自己的預算限制,再以此作為採購依據。不過,事情並沒有到此為止。精穿細著是終身的課題。就跟你的事業需要時間與精力的投注一樣,你的理想衣櫃的建立與維護,也應獲得同等對待。你會有職位的升遷、工作的轉換、搬遷到新的城市等,凡此種種,都可能需要調整你的工作服裝。不過,你將有備無患,因為你現在已經明白精穿細著與精挑細買的原則。你沒有容許犯錯的空間,因為你絕對不可能知道下一次留下良好印象的機會何時會出現。

　　為了協助你步上康莊大道,請定期依照簡緻公式來檢視自己的生活與衣櫃。評估(你的企圖心與你的衣櫥)、清除(壞習慣、破衣服)、更新(你對自己事業與達成真正與你攸關緊要的事情所需投入的努力)。

　　你將逐漸明白你的衣櫃就如同書架上眾多書本中的一本一樣:毫無疑問,衣服你是每天都需要的物品,然而一段時間之後,你將幾乎忘了為它所做的努力。你將能穿著得體,專心為手邊的工作努力。

　　做得好!

男人
穿衣聖經

臉譜叢書 FF1085

作　　　者	Kim Johnson Gross & Jeff Stone
撰　　　稿	Michael Solomon
攝　　　影	David Bashaw
譯　　　者	洪瑞璘
責 任 編 輯	胡文瓊
封 面 設 計	沈佳德
行 銷 企 劃	陳玟璘、陳彩玉
發 　 行 　 人	涂玉雲
出　　　版	臉譜出版

台北市民生東路二段141號5樓
電話：886-2-25007696　傳眞：886-2-25001592

發　　　行　英屬蓋曼群島商家庭傳媒股份有限公司城邦分公司
台北市民生東路二段141號11樓
客服務專線：886-2-25007718；2500-7719
24小時傳眞專線：886-2-25001990；2500-1991
服務時間：週一至週五9:30~12:00；13:30~17:00
郵撥帳號：19863813戶名：書虫股份有限公司
城邦花園網址：http://www.cite.com.tw
讀者服務信箱：scrvice@readingclub.com.tw

香 港 發 行　城邦（香港）出版集團有限公司
香港灣仔駱克道193號東超商業中心1樓
電話：(852)2508-6231　傳眞：(852)2578-9337
E-mail：hkcite@biznetvigator.com

馬 新 發 行　城邦（馬新）出版集團
Cite (M) Sdn. Bhd. (458372 U)
11, Jalan 30D/146, Desa Tasik, Sungai Besi,
57000 Kuala Lumpur, Malaysia
電話：(603)9056-3833　傳眞：(603)9056-2833
E-mail：citecite@streamyx.com

二 版 一 刷　2011年2月
ISBN 978-986-120-610-3

定價400元　HK$133

國家圖書館出版品預行編目資料

男人穿衣聖經：從面試到總經理的穿著密碼／金‧強生‧葛蘿絲(Kim Johnson Gross)、
傑夫‧史東(Jeff Stone)著；洪瑞璘 譯 -二版. 臺北市：
　臉譜出版：家庭傳媒城邦分公司發行，2011.02
　面；公分—（臉譜叢書：FF1085）
　譯自：Chic Simple Dress Smart：man
　ISBN：978-986-120-610-3(平裝) 1.男裝 2.衣飾

423.21　　　　　　　　　　　　　　　　　　100001607